U0274261

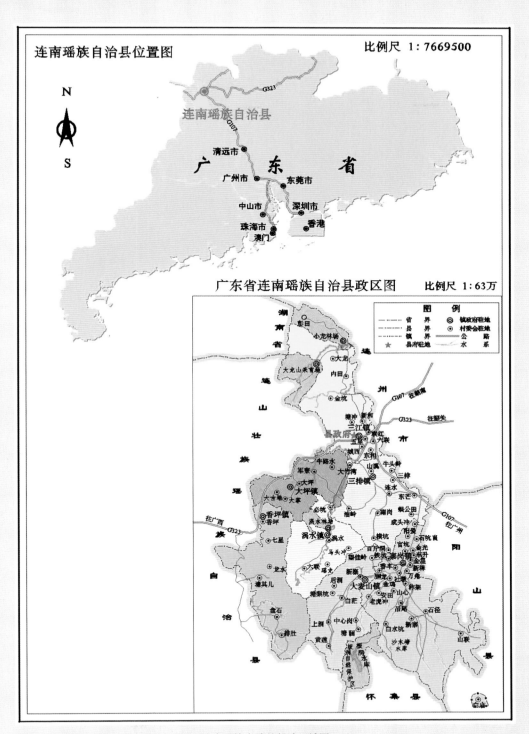

连南瑶族自治县行政区域图

领导关怀
Liannan

1984 年，广东省气象局领导到连南观看试验田

2003 年 3 月，中国气象局计财司司长于新文（右三）、广东省气象局副局长林献民（左五）到连南县气象局调研

2003 年 8 月，清远市人大农委主任钟理荣（右六）、市人大副主任张有健（右五）等市人大代表到连南县气象局检查气象议案落实情况

2003 年，连南县政府副县长房介二（左六）到连南县气象局搬迁选址现场了解情况

　　2006年1月，广东省气象局副局长林献民（左一）、清远市气象局局长刘日光（左二）到连南县气象局调研观测场新址

　　2006年10月，广东省气象局局长余勇（左三）、清远市气象局局长刘日光（左一）到连南县气象局新观测场址视察

2006年12月，清远市气象局副局长杨宁（右二）到连南县气象局指导新站基建工作

2008年7月，清远市气象局副局长李国毅（右三）等督查组成员在连南县副县长沈俊辉（左三）陪同下到连南盘古王文化园进行旅游景区景点防雷安全专项检查

2008 年 7 月，清远市气象局副局长姚科勇（左二）、办公室主任石天辉（右一）、执法办主任廖初亮（右二）等到连南县气象局指导气象探测基地基建工作

1991 年 4 月，连南县气象局通过机关档案综合管理省二级标准评审，获得合格证书

2003 年 12 月，档案管理升级评审小组组长朱小兵（左二）向连南县气象局颁发科技事业单位档案管理国家二级资质证

气象社会管理
Liannan

2005 年，连南县旅游景点防雷专项检查汇报会在连南县气象局召开

1988 年，连南县气象站地面观测场

台站历史发展
Lianshan

1992 年，连南县气象局重新修建好的地面观测场

2000 年，连南县气象
局地面观测场

2008 年，连南县气象
局地面观测场

1994 年 4 月拍摄的连南县
气象局宿舍

2002 年新建的连南县气象局
办公宿舍楼和综合楼

2008 年新建的连南县气象局业务楼

1999 年，连南县气象局天气预报制作中心

2003 年，连南县气象局业务值班室

2013 年，连南县气象局气象台值班、会商室

1971年4月，老农马水旺（右二）等在公社气象会议上发言，支持办好公社气象哨

1971年10月，韶关军分区领导和公社气象哨工作人员、公社领导、老农讨论如何搞好气象工作

气象业务
Liannan

1972年9月，连南县武装部参谋苏南新和连南县气象站的工作人员一起分析台风动向

1972年11月，瑶族气象员李碧华（右一）与瑶族老农一起观测天气

1973年8月，连南县气象站工作人员深入社队进行调查访问，向人民群众学习

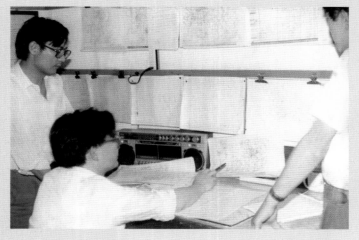

1991年，连南县气象站业务人员在会商分析天气形势

气象服务

Liannan

1971 年 7 月 25 日，金坑公社党委书记唐辉根据气象哨天气预报，指挥干部群众抢救木材

1973 年 6 月，香坪公社社员根据天气预报进行病虫害防治

2007 年 8 月 21 日，在涡水镇实施人工增雨作业，作业人员正在做火箭发射前检查

气象科普
Liannan

1983 年 "3·23" 世界气象日，连南县气象站工作人员向小学生介绍观测场各类仪器的作用

1983 年 "3·23" 世界气象日，小学生参观连南县气象站

2008 年 3 月，连南县气象局工作人员开展气象科技服务咨询活动

气象灾害
Liannan

1994 年 6 月，洪水冲毁寨岗镇新桥 2 层水泥民房

2002 年 7 月 2 日，暴雨洪峰到达三江河段，水位与河堤同高

2004 年 5 月 19 日，连续强降水造成连南至连山路段山坡发生大面积山体滑坡

2004 年 11 月，持续干旱和寒露风造成连南晚造失收

2005 年 5 月，暴雨洪涝造成寨岗部分河堤崩堤

2007 年 4 月，北江工业园遭遇大风灾害，铁皮房顶被大风刮走

2007 年 8 月，连南县夏旱灾害情景

2008 年 1 月，低温雨雪冰冻灾害造成连南县供电线路受损

2008 年 1 月，低温雨雪冰冻灾害造成连南县公路路面结冰，道路封闭

荣　誉

Liannan

文明单位

中共连南瑶族自治县委员会
连南瑶族自治县人民政府
二〇〇七年十二月二十九日

全市先进基层党组织

中共清远市委
二〇〇八年六月

先进基层党组织

中共连南瑶族自治县
农林水系统委员会
2007年7月

2007年目标管理

优秀达标单位

清远市气象局
2008年1月

先进基层党组织

中共连南瑶族自治县委员会
2008年7月

授予:2008年度县气象学会

先进集体

中共连南瑶族自治县委组织部
连南瑶族自治县科学技术协会
二〇〇九年五月

连南瑶族自治县气象志

《连南瑶族自治县气象志》编纂委员会　编

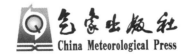

气象出版社
China Meteorological Press

内容简介

　　《连南瑶族自治县气象志》是一本了解连南气象事业发展和基本气象知识的读物,书中记录分析了1962—2008年以来连南各气候要素的特点、各种气象灾害成因及时空分布情况;记录了1962年建站后连南气象事业从无到有,一步步迈向现代化的发展历程和台站风貌的变化,展示了各时期连南气象人艰苦奋斗、锐意进取的风采和取得的荣誉。在新的起点上,新一代的连南气象人将继续传承和发扬老一辈气象人的精神,为连南气象事业的发展继续努力奋斗!

图书在版编目(CIP)数据

连南瑶族自治县气象志/《连南瑶族自治县气象志》
编纂委员会编. —北京:气象出版社,2014.10
ISBN 978-7-5029-6016-2

Ⅰ.①连… Ⅱ.①连… Ⅲ.①气象-工作概况-连南
瑶族自治县 Ⅳ.①P468.265.4

中国版本图书馆 CIP 数据核字(2014)第 228368 号

出版发行:气象出版社				
地 址:北京市海淀区中关村南大街 46 号		**邮政编码**:100081		
总 编 室:010-68407112		**发 行 部**:010-68409198		
网 址:http://www.cmp.cma.gov.cn		**E-mail**:qxcbs@cma.gov.cn		
责任编辑:吴晓鹏 张 媛		**终 审**:赵同进		
封面设计:燕彤		**责任技编**:吴庭芳		
印 刷:北京中新伟业印刷有限公司				
开 本:787 mm×1092 mm 1/16		**印 张**:7.5		
字 数:196 千字		**彩 插**:8		
版 次:2014 年 11 月第 1 版		**印 次**:2014 年 11 月第 1 次印刷		
定 价:45.00 元				

《连南瑶族自治县气象志》编纂委员会

主　　任:梁正科(2008—2013 年)
　　　　　段吟红(2013—)
副 主 任:胡东平
委　　员:(按姓氏笔画为序)
　　　　　王杰鹏　陈水云　陈记国　姜　涛　莫荣耀
　　　　　龚仙玉　熊　绎　潘国英

《连南瑶族自治县气象志》编务人员

主　　编:莫荣耀
副 主 编:龚仙玉　胡东平
顾　　问:胡文良　李大毅
编写人员:陈记国　潘国英　陈水云　姜　涛
图片采编:熊　绎

《连南瑶族自治县气象志》审查小组

校　　审:姚科勇　何镜林　罗　律(清远市气象局)
审　　查:许文清(连南瑶族自治县史志办公室)

序一

　　寒来暑往，风云雷电，阳光雨露，气象与地球万物息息相关。中国自古以来就在探索与利用自然的科学活动中追求"天地人合一"的境界，特别是二十四节气的划分，更是家喻户晓，其影响不亚于四大发明。但由于历史条件的制约，连南现存的史料中对气象的记载甚为稀少。直到1962年，连南县境内建立气象站，气象事业才真正起步，并有连续、系统的天气要素和气象灾害记录。

　　连南气象站建站时只是一个单纯的气候观测站，负责温度、湿度、风、气压等要素的观测，人员编制少、业务经费紧张、观测任务繁重，观测站所在地又处于广东西北部的崇山峻岭间，工作、生活条件十分艰苦。尽管如此，老一辈的气象工作者以其高度的工作责任心与使命感，日复一日地坚守在自己的岗位上，一步一个脚印地推动着气象事业的发展。到如今，连南气象局的面貌已焕然一新，基础设施完善，工作环境优美，站网布局合理，预报技术先进，人才队伍稳定，除担负基本的地面气象观测任务外，还担负气象预报预警、决策气象服务、公众气象服务、专业气象服务、防雷减灾服务、人工影响天气、气象科技服务等公共气象服务和社会管理职能，为当地的生态文明建设、气象防灾减灾、经济社会发展和人民群众的福祉安康发挥了重要的作用。如1994年连南"6·13"特大暴雨洪涝灾害过程中，连南气象局主动、及时、准确的预报服务为全县有效组织抗洪抢险做出突出贡献，被连南县政府授予"抗灾救灾先进集体"称号，同时被广东省气象局评为全省气象系统防灾救灾先进集体。

　　只有清醒地认识过去，才能更好地把握现在，开创未来。为记录连南气象事业发展的足迹，继承前人的优良传统，为开拓美好前景提供借鉴，连南气象局自2009年开始着手修编本志，历时五年完成，期间曾数易其稿、反复修正，其中甘苦，非亲历者难有最深切的体会。

　　本志不但客观地记录了连南气象事业的发展历程，还从专业的角度系统地描述连南50多年来的天气、气候要素及其变化与特点，对连南历史上的气象灾害进行摘录与汇总，不仅是我们了解气象、了解连南天气的一本科普读物，也是我们应对气候变化和开发利用气候资源，开展防灾减灾必不可少的参考工具书。

进入 21 世纪，气象工作的重要性日益凸显，人们对于气象服务的要求也越来越高，特别是在全球气候变暖背景下，极端天气气候事件频发，气象灾害的局地性、突发性越来越强，其危害也越来越大。适应经济社会发展对气象工作的新要求，提高气象服务的能力和效益，提高预报预测准确率和精细化水平，满足人民群众对气象服务的新期待，是现在和将来我们面临的永恒课题。

愿以此志嘉惠后人。

清远市气象局局长　刘日光

2014 年 4 月 29 日

序二

连南，一个神奇美丽的地方，这里有绚丽多姿的自然风光，古老神奇的人文景观，神秘奇特的民族风俗，还有勤劳质朴的各族人民。新中国成立以来，在党的民族政策光辉照耀下，古老的连南焕发出绚烂的青春之光，逐步从落后走向发展，从贫穷走向富裕，这一切，少不了全县瑶汉各族人民的辛勤劳动，当然，也少不了他们——连南气象人的无私奉献。

气象，自古以来就与人类密切联系。《孙子·火攻》里有："发火有时，起火有日。时者，天之燥也。日者，月在箕、壁、翼、轸也。凡此四宿者，风起之日也"，可见古时候气象就受到人们的重视，并在社会生产和军事中得到充分应用。如今，随着经济社会的发展，人们生产活动范围不断扩大，气象灾害造成的损失也日益增加。据统计，我国每年因各种气象灾害造成的直接经济损失占全国 GDP 的 $1\%\sim3\%$，占 GDP 增加值的 10% 以上。我县地处粤北山区，地形复杂，气候多变，在全球气候变暖加剧的趋势下，极端天气、气候事件发生呈多发状态，暴雨、干旱、雷电、大风、寒冷等气象灾害及其次生、衍生灾害频繁发生，给全县人民群众生命财产造成严重损失，对我县的经济社会发展产生严重的影响，亟需更加重视并加强气象在生产、生活中的应用，利用各种气象预报信息进行趋利避害。

1962 年建立连南气象站至今已有 50 多年。一直以来，连南县委、县政府都高度重视和支持气象工作，加上几代气象人的努力，连南气象事业取得长足的发展，在我县应对气象灾害，开发气候资源，发展国民经济中起到重要作用。

社会在发展，气象科技也在不断进步，特别是 2009 年连南气象站搬迁新站后，优化的工作环境，自动化的观测设备，先进的气象业务系统，年轻而富有朝气的气象专业人才队伍，使整个连南气象事业显示出蓬勃发展的现代气息，在这一节点上，连南县气象局组织修编 1962—2008 年段的气象志，是对连南气象事业 47 年变革与发展的一个阶段性总结。盛世修志，以志书客观、真实的记录，给后人留下可供学习、借鉴的成功经验或失败教训。《连南瑶族自治县气象志》是一部记载连南气象事业发展、气候特征和变化规律、灾害性天气的专业史志，其内容广泛、资料翔实,同时融知识性、资料性、专业性于一体,是人们学习气象知识,了解连南天气,开发连南气候资源不可或缺的参考资料,值得一读。

希望连南气象工作者以气象现代化建设工作为契机,不断改革创新,提升气象预报预测能力和气象防灾减灾能力,大力加强和优化公共气象服务,为连南经济社会的科学发展、生态建设做出新的更大贡献,为下次修编《气象志》,留下浓墨重彩的伏笔!

连南瑶族自治县副县长

2014 年 4 月 30 日

凡　例

一、本志编纂遵循实事求是的原则，所记内容力求翔实可信。

二、本志采用篇、章、节、目四级结构，除概述、大事记、附录外，分建置环境、气候、气象灾害、气象事业4篇。

三、记事上限不限，下限到2008年，某些事物为反映全貌，保持资料的完整性，适当上溯或下延。

四、记事地限为连南瑶族自治县县境范围，历史事件则为事件发生时的连南政区范围。

五、行文记事用第三人称，采用现代汉语文体；事物称谓均按事物当年的规范或习惯用语记述；科技术语一律采用中文名称。

六、数字（含纪年）及计量单位按国家标准（规定）记述，海拔高度、水位按南海基准面计算。

七、荣誉录中仅录受县委、县政府以上授奖的荣誉；人物录中仅录在本局连续工作20年以上，且2008年仍在册或在本局退休人员。

八、本志是以连南瑶族自治县现有气象资料、档案，连南县县志以及省气象系统的资料档案为主要依据，采用正式公布的数据及资料，辅以口碑资料，除特殊情况外不注出处。

目　录

概　述

一

　　连南瑶族自治县(以下简称连南县)位于广东省西北部,北纬 24°17′16″~24°56′2″,东经 112°2′2″~112°29′1″。东北与连州市交界,东南与阳山县相连,南接怀集县,西邻连山壮族瑶族自治县,西北与湖南省江华瑶族自治县接壤。2008 年,全县总人口 161304 人,其中瑶族 84327 人,占总人口的 52.3%。县境东西最宽 45 千米,南北长 71 千米,总面积为 1305.9 平方千米。

　　连南县境内地貌多样,地形复杂。山地地貌占连南县总面积的 61.6%,山地地势陡峻,植被良好,林木茂密,形成连南县宽阔的林产区。丘陵地貌占全县总面积的 33.4%,其地层主要由石灰岩构成,属于喀斯特地形,地层透水性强,易造成干旱灾害。冲积平原和山间冲积谷地面积占全县面积的 5%,这类地区地势低平,水源充足,是连南县主要粮产区。连南县山脉多由北向西南走向,境内海拔 1000 米以上的高山共有 161 座,最高为三江镇北部金坑村内的大雾山(海拔 1659 米)。

二

　　连南县地处北回归线以北,属中亚热带季风气候。受季风和地形影响,大陆性山地气候特点显著,气候温暖湿润,季风明显,总的气候特点是:热量丰富,雨量充沛,雨热同季,四季分明,冬冷夏热,冬短夏长,大陆度为 58。

　　春季冷空气影响开始减弱,白昼渐长,连南县多受弱变性高压脊、静止锋、低槽天气系统控制,天气多变,乍寒乍暖;夏季西南季风开始盛行,副热带高压逐渐强盛,天气炎热,降水增多,常有暴雨洪涝发生;秋季是夏、冬季过渡季节,副热带高压仍然强盛,气候干燥少雨,热带气旋活动是带来秋季降水天气的主要原因,雨季渐趋结束,多干旱灾害发生;冬季副热带高压明显减弱,主体东移,冷空气活动活跃,在干冷气流的控制下,降水明显减少,气温为全年最低,多低温冰冻天气。

三

　　连南县气候多变,气象灾害种类较多,且自然灾害频繁。主要气象灾害有:暴雨洪涝、干旱、大风、龙卷、冰雹、飑线、雷电、冻雨(雪)、霜冻、低温冷害、高温热浪、大雾、霾、连阴雨等。对连南县影响最重的气象灾害是暴雨洪涝和干旱,其出现频率高、影响范围广、灾害损失严重。此外,低温冷害和霜冻灾害也是连南县较为常见的气象灾害,因连南县冬季气温低,在出现长时间低温霜(冰)冻天气时,对冬种作物、经济林、反季节蔬菜生产会造成严重损失。如2008年1月13日—2月12日,连南县出现一次严重程度为80年一遇的低温雨雪冰冻灾害天气。期间,日最低气温连续在5℃以下日数为31天,部分乡镇维持时间更长;日平均气温连续在5℃以下有25天,日平均气温最低为0.5℃(1月27日),当天日极端最低气温为0.0℃,其余各乡镇气温均在0.0℃以下;2月3日,县城最低气温降至-1.8℃。在低温冰冻最严重阶段,由于冷空气南下补充,配合低空切变线造成连南县出现一次大范围的暴雨降水,部分地区出现雨夹雪天气,同时由于山区气温极低,雨水降下时在电线、树木枝叶等随即冻结,形成大范围的雨凇现象,从而直接造成供电线路、通讯线路、林木作物等受压损坏、断裂,暴雨也致使部分山区道路路基崩塌、水利受损、民房倒塌。受此次低温雨雪冰冻灾害影响,连南县受灾人口43000人,农作物受灾面积2121.6公顷,林木受灾面积3.5万公顷,冻死树苗100多万株,40多条高压线路受损,369县道、国道G323、G107线及省道S261线多处出现塌方,多条通讯线路被冰雪压断,10多个机房站点通信中断,总经济损失达9.1298亿元。

四

在新中国成立以前,连南县气象事业一片空白。新中国成立后,中国共产党和人民政府非常重视科学技术发展,气象事业得到重视。为适应国民经济发展,全国各地先后建立气象观测网络。连南县于1962年建立气象站,当时正处于三年困难时期,气象系统也处于十分困难时期,经费紧缺,建立时只有干湿球温度表、雨量筒、日照计等一些观测仪器。1968年,气象仪器设备逐步完善,增加气温、气压、相对湿度等要素的自记仪器,可以系统、连续、准确地进行各项要素观测。"文化大革命"动乱期间,在全体气象工作人员的积极努力下,连南县的气象业务工作仍然坚持开展,从未中断,使气象资料得以延续,为农业、水利、水电等经济建设提供可靠科学资料。

1985年后,连南县气象站先后配备气象传真机、高频对讲机、PC-1500计算机、"386"计算机,气象事业得以进一步向现代化方向发展,在提高气象观测数据精度、及时监测天气演变、制作准确预报的业务改革中起到重要作用。

"八五"及"九五"期间,连南县气象局在省、市气象局和县政府的大力支持下,增加基本建设投资。1996年,添置"486"、"586"计算机,传真电话等现代化设备,完成气象防灾减灾系统网络建设,实现气象观测自动编发报,形成省、市、县气象数据和预报信息联网。1999年9月,气象卫星广播单向接收站进入业务运行。2000年,建成X.25分组数据交换网络,2005年,升级为省、市、县互联的2M宽带的SDH数字专线系统。2006年,建立多媒体电视天气预报制作系统,自主制作连南县电视天气预报节目,开通"12121"天气预报电话自动答询系统,建立移动电话短信天气预报平台,天气预警信息传递发布渠道得到大幅拓宽,预报信息可以迅速传向社会大众,为防御气象灾害赢得时间。2003年,全县逐步在各乡镇建设区域自动气象站,2008年末,全县共建有区域自动气象站9个,进一步优化自动气象站观测网,使全县气象监测网格更加密集,为防灾减灾提供更加及时、准确的监测数据。

连南县的气象基础设施建设,在县委、县政府和上级主管部门的正确领导下,在全体气象工作者的积极努力下,不断地得到改善。最早只有一座砖木结构的二层办公宿舍楼,历届站(局)领导抓住机遇,艰苦创业,大抓台站基础设施建设和环境美化绿化。1984 年,建成 2 层 4 套砖混结构宿舍楼。1994 年,建成 3 层 6 套砖混结构宿舍办公楼。1998 年,自筹 100 多万元资金建成 1700 平方米的 6 层业务综合大楼。2007 年始,台站选址搬迁。2008 年全面完成台站设施建设,建成标准地面气象观测场、全新办公业务楼,周围环境整洁优美,台站面貌发生巨大变化。

五

自建立气象站以来,连南气象人继承和发扬自力更生、艰苦创业的光荣传统,不断吸收和总结经验,励精图治、勇于开拓,走出一条适应地方发展、具有山区特色的发展道路。目前,连南气象事业已经形成管理体制完善,观测业务技术过硬,预报服务准确、及时的综合气象服务体系。随着经济社会的不断发展,在全球变暖的气候变化背景下,气象灾害出现频率越来越高,强度越来越强,造成的经济损失也越来越大,人民群众对气象事业提出更高的要求,既是对气象事业的挑战也是发展机遇。加快连南气象事业发展,增强气象灾害防御能力,减轻气象灾害对地方经济建设的影响,应对气候变化,进一步合理开发利用山区气象资源,这是社会发展对新一代连南气象人赋予的历史使命。为完成这一使命,连南县气象局将按照中国气象局要求,加快"四个一流"台站建设,完善无缝隙预报预测体系,构建更全面的公共气象服务平台,建立更快捷、更广泛的气象灾害预警信息发布渠道,为连南经济建设作出更大贡献。

大事记

1958 年

8月,广东省气象局派肖美卿筹建"连南瑶族自治县气象站"。

10月,连南、连山、连县、阳山合并为"连阳各族自治县",连南气象的建站工作暂停,并将观测场和部分仪器移交给三江公社办气象哨。

1961 年

10月,连阳各族自治县分为连山、连南、连县、阳山,胡文良同志由连阳县分到连南工作。原移交给三江公社办气象哨的观测场及部分仪器收回继续筹建连南县气象站。

1962 年

1月1日,连南县气象站正式进行三次气象观测记录和天气预报服务工作,行政由县人民政府委托农水局管辖,业务由省、地市气象局管理。

4月25日,韶关地区气象局发出《关于撤消连南瑶族自治县气象站的通知》(韶气字〔62〕第 021 号),撤消连南县气象站,连南人民政府同时决定自办,由县农水局管理,继续做好为农业服务工作。

1964 年

3月6日,韶关地区气象局发出《关于恢复连南县气象站的通知》(〔64〕粤气计字 038 号),恢复连南县气象站,受上级气象部门和县人委的双重领导。

3月27日,韶关地区气象局发出《连南等 8 个县级气象站的仪器配备和开展业务工作的通知》(〔64〕粤气供字第 059 号),连南县气象站主要是担负补充天气预报服务工作,进行每天三次定时气候观测等业务。

5月14日,广东省气象局拨款 1 万元兴建一座二层砖木结构办公(宿舍)楼,建筑面积 186 平方米。

1966 年

12月,韶关地区气象局调梁宏(原名梁宏禧)同志任连南瑶族自治县气象站副站长。

1968 年

7月16日,根据连南县革命委员会"〔68〕第 103 号"文件通知,成立"广东省连南瑶族自治县气象站革命领导小组"。

1969 年

4月,连南县气象站划归连南县农业服务站管理,气象站牌子不变,公章为"连南瑶族自治县气象站业务专用章"。

12月—1970 年 3 月,连南县气象站派员参加连南飞机造林飞播区气象安全保障工作。

1970 年

12 月—1971 年 4 月,连南县气象站派员参加连南飞机造林飞播区气象安全保障工作。

1971 年

10 月 16 日,连南县气象站由广东省气象部门收为垂直领导,由韶关地区气象局下发公章,更名为"广东省连南瑶族自治县气象站"。

是月,县武装部派参谋苏南新同志进驻连南县气象站,连南县气象站实行军事管制。

1972 年

是年,全县除三江公社外,其余 11 个公社先后建立气象哨,开展观测和补充天气预报服务工作。

1974 年

1 月,连南县气象站由连南县武装部军管转由县农业办公室领导。

1978 年

2 月,韶关地区气象局拨款 2 万元,建砖木结构楼房两座,共有 4 套宿舍,建筑面积 346.98 平方米。

1979 年

8 月 1—4 日,连南县气象站派员参加县人工降雨抗旱战地气象保障观测工作。经"五七"高炮人工增雨作业,全县先后下两次中到大雨,雨量 50～70 毫米,使严重旱情得到解决。

9 月 4 日,连南县革命委员会发出《经研究决定县气象站为县副科级单位》(〔79〕075 号),县气象站升格为副科级单位。

10 月,连南县委组织部发出通知,任命胡文良、刘国望同志为连南瑶族自治县气象站副站长,免去梁宏副站长职务。

1980 年

1 月 31 日,连南县委组织部调刘国望同志到连南县气象站工作。

5 月 21 日,成立连南瑶族自治县气象学会,共有会员 20 人(其中有公社干部和有看天经验老农 12 人),刘国望同志任学会理事长。

6 月 28 日—7 月 12 日,连南县气象站派员参加县人工增雨抗旱战地气象保障观测服务工作,7 月 6 日和 12 日经"五七"高炮人工增雨作业,全县普降中至大雨,使受旱的 6667 公顷旱地作物、533 公顷水稻及时解除旱情。

11 月—1981 年 3 月,连南县气象站进行"四个基本"(基本资料、基本预报工具、基本档案、基本图表)业务建设。

1981 年

5 月 23 日,连南县政府发出《关于成立连南瑶族自治县气象局的通知》(南府发〔81〕068 号),成立"连南瑶族自治县气象局",原县气象站实行局站合一,两块牌子,一套班子,气象局下设测报组(股)、预报组(股)、农气组(股)。

7 月 20 日,韶关地区气象局发出《县局干部任免决定》(韶地气人字〔81〕67 号),刘国望同志任连南县气象局副局长兼气象站副站长。

是月,韶关地区气象局在连南县召开预报质量会审和文书科技档案工作现场会议,并对档案工作进行一次现场考试。

1982 年

2—9 月,连南县气象局进行农业气候区划工作,编写《连南瑶族自治县农业气候资料》《连南瑶族自治县农业气候资源和农业气候区划报告》《利用农业气候资源发展水稻生产》和《本县气候在林业生态系统中的利用》等专题报告。

6 月,连南县气象局被中共连南瑶族自治县委授予"文明先进集体"称号。

1983 年

12 月,连南瑶族自治县气象学会第二届理事会成立,会员 18 人。刘国望同志为理事长,梁正科同志为副理事长,陈记国、胡文良同志为理事。

是年,韶关地区气象局拨款 4 万元,连南县气象局于 12 月 23 日动工兴建一座二层四套混合结构宿舍,建筑面积 288.36 平方米。

1984 年

1 月,连南县气象局开展气象专业有偿服务,经济收入 3000 元。

10 月,韶关地区气象局发出《关于刘国望等同志任职的通知》(〔84〕韶气人字第 70 号),刘国望同志任连南瑶族自治县气象局(站)局(站)长;胡文良同志任副局(站)长。

1985 年

4 月,连南县气象局按照国务院办公厅 1985 年 3 月 29 日发出的《国务院办公厅转发国家气象局关于气象部门开展有偿服务和综合经营的报告的通知》(国办发〔1985〕25 号),积极开展工作,取得较好的社会效益和经济效益。

6 月,广东省农业区划办授予连南县气象局"农业区划先进集体"称号。

12 月,连南瑶族自治县气象学会第三届理事会成立,学会会员 16 人,理事 2 人,梁正科同志担任理事长。

是年,县委、县政府授予连南县气象局"文明先进单位"称号。韶关市委、市政府授予连南县气象局"文明先进单位"称号。

1983—1985 年,连南县气象局派两名科技人员到寨南公社板洞乡进行 48 公顷中造田的农业气象承包工作。在分析农业气候区划成果的基础上,结合板洞乡的气候情况和水稻生产的各项农业气象指标,合理调整播、插、花、熟四期,抓住各个生产环节,落实各项农业气象技术措施和水稻栽培技术,经 3 年的努力,获得大丰收。48 公顷中造 3 年共增产稻谷 7970 担①,由于合理施肥和用药,3 年共减少生产成本 3 万多元,一举改变该乡过去吃返销粮的状况。

1986 年

9 月,广东省人民政府授予连南县气象局"农村科技先进集体"称号。

是年,连南县委、县政府授予连南县气象局"文明先进单位"称号。

1987 年

5 月,在三江镇联红管理区香花村试验示范垄(畦)稻沟养鱼。

9 月,连南县委直属机关党委发出《关于成立连南瑶族自治县气象局党支部的批复》(南直委〔87〕批字第 90 号),批准成立中共连南瑶族自治县气象局党支部,支部党员 4 人,

---

① 1 担=50 千克,下同。

胡文良同志任支部书记。

1988 年

3 月 2 日,连南县政府办公室发出《关于县气象局要求成立县气象服务公司的批复》(南府办复〔1988〕12 号),同意成立连南瑶族自治县气象服务公司,胡文良同志兼任经理,陈记国同志兼任副经理。

1989 年

1 月 1 日,连南瑶族自治县气象局划归清远市气象局领导,人员、财务、业务由清远市气象局管理。

11 月 12 日,根据《关于农气工作任务调整的通知》,连南县气象局从 1990 年 1 月 1 日开始不再承担农气观测任务。

11 月 28 日,清远市气象局发出《关于要求成立连南县防雷设施检测所的批复》(清气人字〔1989〕026 号)同意成立"连南瑶族自治县防雷设施检测所"。

12 月 25 日,连南县编制委员会发出《关于成立连南瑶族自治县防雷设施检测所请求的批复》(南编字〔1989〕52 号),同意成立"连南瑶族自治县防雷设施检测所"。

是年,连南县气象学会被评为县先进学会,在全县科技大会上受到奖励。

1990 年

1 月 1 日,按"三制一体"管理实施方案,连南县气象局内设机构分为业务股、服务股。

5 日,清远市气象局发出《关于李大毅任连南瑶族自治县防雷设施检测所所长的批复》(清气人字〔1990〕002 号),同意李大毅同志任县防雷设施检测所所长。

2 月 7 日,连南县气象局被连南县政府评为 1989 年度创粮食高产支农先进单位。

3 月 7 日,连南县气象局被清远市气象局评为"农业服务先进单项奖"。

4 月 1 日,广东省气象局局长谢国涛和清远市气象局副局长梁华兴一行 4 人到连南县气象局检查工作。

6 日,连南瑶族自治县防雷设施检测所正式挂牌开展工作,并启用检测所公章。

12 日,连南县气象学会被清远市科学技术协会评为 1989 年度清远市先进学会。

18 日,清远市气象局发出《关于胡文良等两位同志任职的通知》(清气人字〔1990〕07 号),聘任胡文良同志为连南瑶族自治县气象局(站)局(站)长(正科级)。

30 日,筹建连南县沙木塘气象观测点,5 月 1 日正式开展工作。

9 月 21 日,连南县气象技术服务公司降级为气象技术服务部,胡方平同志为服务部主任。

12 月 19 日,广东省气象局发出《关于取消连南站曲管地温观测项目的通知》(粤气业字〔1990〕93 号),连南县气象局从 1991 年 1 月 1 日起取消曲管地温(5~20 厘米)观测项目。

1991 年

2 月 24 日,连南县气象局被评为连南县 1990 年度"两个文明建设"先进集体。

3 月 8 日,连南县气象局开展的"森林火险天气预报服务"项目被广东省人民政府评为"农业技术推广"三等奖,李大毅同志在这项工作中获三等奖。

4 月 8 日,广东省和清远市各县(区)档案局领导和 4 名省级、3 名市级评审员参加连南县气象局机关档案综合管理升级评审会议,经评审,总分 74.8 分,达到机关档案综合管理省二级标准,并发给机关档案综合管理合格证(证号为183005)。

22日,连南县委、县政府发出《关于表彰档案管理工作升级单位决定》(南委发〔1991〕32号),连南县气象局档案管理升级受到表彰。

7月19日,广东省气象局副局长肖凯书、业务处柯史钊在清远市气象局副局长梁华兴的陪同下到连南县气象局检查工作。

11月3—4日,因扩建公路拆除连南县气象局西面围墙旧杂房,城建办补贴重建围墙费4500元。

14日,广东省气象局副局长李明经在清远市气象局副局长吴武威陪同下到连南县气象局检查工作,了解和布置科技兴农等有关工作。

23日,国家气象局派员到连南县气象局了解艰苦台站等情况,并拍摄录像。

26日,连南县政府办公室发出《关于禁止在县气象局周围建筑楼房的通知》(南府办〔91〕68号),禁止农民在观测场四周建房。

1992年

1月8日,完成观测场围栏重修,由原铁丝网改为角钢和圆钢结构,支出5000元。

15日,由于扩建公路,拆除连南县气象局公路边的部分房子、围墙,在原址重新修建九间铺店,总投资3万元。

是月,连南县气象局利用山区光温气候资源发展季节蔬菜生产项目,获1991年度广东省农业技术推广二等奖。

2月28日,连南县气象局被清远市气象局评为1991年度清远市气象系统先进单位。

是月,连南县气象局被评为1991年度清远市财贸系统财务报表质量最好的单位。

7月23日,广东省气象局计财处科长陈锦标,清远市气象局郑绍开、姚科勇等人到连南县气象局检查财务和综合治理等工作。

9月6日,清远市气象局发出《关于梁正科等同志任职的通知》(清气人字〔1992〕010号),任命梁正科同志为连南瑶族自治县气象局局长助理(正股级)。

11月20日,清远市气象局发出《关于胡文良同志任职的通知》(清气人字〔1992〕031号),任命胡文良同志为连南瑶族自治县气象局局长(正科级)。

27日,广东省气象局副厅级巡查员陈桂樵和清远市气象局副局长吴武威到连南检查工作。

是年,连南县交警中队在观测场北面建设厂房,并有2户农民在观测场的东北和西面距离约30～40米处建设高分别为4米和6米的民房,严重破坏气象观测环境。

1993年

1月,中共连南县委、县人民政府发出《关于造林绿化达标表彰奖励的决定》,连南县气象局被评为"庭园绿化先进集体"。

是月,连南县气象局"农业气候区划成果在发展山区蚕桑、水果上的应用推广"项目获省1993年农业推广二等奖。

2月,连南县气象局1992年目标管理考核成绩优秀,胡文良、梁正科同志被评为清远市气象系统1992年度先进工作者。

是月,连南县气象局"热量资源的人工补偿在提高水稻、甘蔗产量上的应用"项目获广东省农业技术推广集体二等奖。

3月,《连南瑶族自治县气象志》被评为清远市科协1992年度优秀科志。

5月13日,广东省气象局计财处批准连南县气象局宿舍基建项目,计划建设面积300平方米,8月13日动工,实际建筑面积560平方米,总投资31万。

7月16日,广东省气象局业务处处长杨亚正、科长陈锦标,清远市气象局局长梁华兴到连南县气象局检查工作。

8月9日,清远市气象局发出《关于梁正科同志任职的通知》(清气人字〔1993〕011号),任命梁正科同志为连南瑶族自治县气象局副局长(副科级)。

10月,根据省市县房改有关文件精神,连南县气象局新建1幢宿舍楼(3层6套),其中5套宿舍经县房改办批准卖给连南县气象局职工,余下1套作办公用。

12月,连南瑶族自治县气象学会第四届理事会成立,学会会员16人,理事2人,梁正科同志担任理事长。

1994年

4月11日,连南县气象局在社会主义两个文明建设中成绩显著,被评为连南县文明单位,连南县政府、县委颁发荣誉证书。

25日,宿舍楼基建竣工通过验收,5月1日全部干部职工搬迁到新宿舍楼。

6月25日,广东省气象局副局长肖凯书、办公室副主任郑鑫、清远市气象局局长梁华兴一行4人到连南县气象局检查工作,了解连南6月9—17日的暴雨到大暴雨的预报服务及灾情。

8月18日,清远市气象局会同清远市技术监督局计量科科长张济南等人到连南县气象局检查防雷所计量认证工作,验收合格,并发给认证证书。

9月,连南县气象局被评为1994年度广东省气象系统和县抗洪抢险生产救灾先进单位。

1995年

3月3日,连南县气象局被评为1994年度连南县文明单位。

8月29日,清远市气象局发出《关于成立领导班子的通知》(清气人字〔1995〕21号),梁正科、陈记国同志为连南瑶族自治县气象局领导班子成员,陈记国同志为县气象局纪检监察员。

1996年

2月16日,连南县政府发出《关于进一步严格防雷设施安全管理的通知》(南府〔1996〕13号),要求各单位要把防雷设施安全工作列入安全生产的主要日程,安装的防雷设施必须接受县防雷所的管理和检测,任何单位和个人不得以任何理由拒绝检测和监督管理,同时县内新建工程项目必须到防雷所办理防雷设施报装手续,将建筑物防雷设施列入质检项目。

4月9日,中共连南县农林水系统党委发出《关于气象局党支部纳入农委党支部的通知》(南农党委〔1996〕02号),县气象局党支部纳入农委党支部,免去胡文良同志支部书记职务。

12月4日,清远市气象局发出《关于梁正科任职的通知》(清气党组字〔1996〕2号),任命梁正科同志为连南县气象局(站)局(站)长(正科级)。

12月,连南县气象局被评为县文明单位、安全文明小区达标单位。

是月,连南县气象局被清远市气象局评为目标管理一等奖、达标先进单位,被广东省气象局评为广东省气象系统先进单位。

1997 年

1 月,广东省气象局发出《关于奖励 1996 年先进测报组的通报》(粤气业字〔1997〕8 号),连南县气象局地面观测组被广东省气象局评为先进测报组。

是月,清远市气象局发出《关于表彰全市气象部门 1996 年先进集体和先进个人的决定》(清气人字〔1997〕1 号),连南县气象局被授予"先进单位"称号。

3 月 28 日,广东省气象局发出《关于表彰全省气象系统先进集体和先进工作者的决定》(粤气政字〔1997〕2 号),连南县气象局被广东省气象局、省人事厅授予"全省气象系统先进集体"称号。

4 月 3 日,连南县编制委员会发出《关于转发〈连南瑶族自治县气象局机构编制方案〉的通知》(南机编〔1997〕60 号),连南县气象局实行以气象部门垂直领导为主,并受连南县人民政府领导的双重管理体制,实行局站合一,为正科级,内设办公室、业务服务股、防雷设施检测所三个正股级机构,人员编制为 8 人。

8—10 日,广东省气象局召开全省气象系统表彰大会,连南县气象局获省气象系统 1994—1996 年文明单位。

5 月 14 日,清远市气象局防雷所邓森荣、杨伟明同志,清远市监督局计量科科长张济南到连南县气象局进行防雷认证年检考核工作。

14—16 日,广东省气象局产业处副处长吕小平到连南县气象局调研。

21 日,清远市气象局发出《关于梁正科任职的通知》(清气党组字〔1997〕4 号),梁正科同志任连南县气象局(站)局(站)长(正科级)。

是日,清远市气象局发出《关于成立连南瑶族自治县气象局领导班子的通知》(清气党组字〔1997〕10 号),由梁正科、陈记国两人组成连南县气象局局领导班子。

22 日,清远市气象局发出《关于陈记国等同志任职的通知》(清气人字〔1997〕16 号),陈记国任业务服务股股长,邵斌任连南县防雷设施检测所所长兼任连南县防雷中心主任。

8 月 26 日,连南县政府发出《转发〈清远市建筑物防雷设施管理若干规定〉的通知》(南府办〔1997〕37 号),向各乡镇人民政府及县属各单位转发《清远市建筑物防雷设施管理若干规定》。

9 月 10 日,广东省气象局人事处胡德祥、徐安高等同志到连南县气象局检查工作。

14 日,广东省气象局科教处处长黄增明、农气中心科长林举宾到连南县气象局指导农气工作,并拨给科研经费 3000 元。

10 月 15 日,清远市人大农工委主任钟理荣、清远市气象局局长刘日光和执法检查组一行及连南县人大副主任房俊强、副县长房介二,财政局、法制局等领导到连南县气象局检查气象法规执行情况。

12 月 3 日,广东省气象局副局长肖凯书到连南县气象局检查工作。

18 日,广东省气象局计财处副处长秦冰冰到连南县气象局检查工作。

1998 年

3 月 2 日,广东省气象局局长谢国涛、产业处处长吕小平一行到连南视察工作。

5 月 11 日,清远市人大、市政府办公室、省局办公室、市气象局、市财政局、市法制局、清远报社组成的检查组到连南县进行气象执法跟踪检查。

25 日,连南县政府拨款 8.5 万元,在清远市气象局的支持下建立清远市连南防灾减灾分系统。

6 月 3 日,珠海市气象局局长胡文生和其助理、预报科长一行到连南县气象局指导工作。

14 日,广东省气象局局长李明经、产业处处长吕小平,清远市气象局局长刘日光到连南县气象局检查工作,研究如何兴建综合楼事宜。

7 月 24 日,广东省气象局副局长胡光骏、业务处处长吕小平,清远市气象局局长刘日光到连南县气象局落实基建立项事宜。

9 月 16 日,连南县农林水战线党委发出《关于恢复气象局党支部的通知》,1998 年 9 月起,恢复成立连南县气象局党支部。

10 月 14 日,连南县气象局业务楼经广东省气象局报省计委正式立项,总投资 116.4 万元。

28 日,连南县农林水战线党委发出《关于县气象局恢复党支部及梁正科同志任支部书记的批复》,同意连南县气象局恢复党支部,由梁正科同志任党支部书记。

12 月,连南瑶族自治县气象学会第五届理事会成立,学会会员 11 人,理事 2 人,梁正科同志任理事长。

1999 年

1 月 19 日,广东省气象局业务处副处长陈锦冠到连南县气象局检查工作,确定观测场改造项目。

是月,清远市气象局发出《关于表彰全市气象部门 1998 年先进集体和先进个人的决定》(清气人字〔1999〕1 号),连南县气象局被授予"一九九八年目标管理优良单位"称号。

是月,清远市气象局发出《关于授予连南县气象局等单位为文明单位和梁正科等同志为文明气象员的决定》(清气字〔1999〕2 号),梁正科同志被评为"文明气象员",县气象局被评为"1998 年度文明单位"。

2 月 4 日,连南县县长房卫党批示核减基建中办证费用,其中城市配套费免 80%,质监费免 50%。

是月,连南县气象局业务楼动工,计划总投资 110 万元。

3 月 19 日,广东省气象局副局长胡光骏和清远市气象局局长刘日光到连南县气象局检查基建工作,确定省局对业务楼基建款追加 20 万元。

4 月 21 日,连南县人民政府向各镇人民政府及直属各单位转发《广东省防御雷雷电灾害管理规定》。

7 月 13 日,连南县县长房卫党签批基建报告,同意在年底解决 12 万~15 万元基建款。

8 月 31 日,广东省气象局发出《关于三水、连南等气象站承担省局热带气旋地面加密观测报任务的通知》(气业字〔1999〕74 号),决定连南县气象站担负广州中心气象台组织的热带气旋地面加密观测报任务,从 1999 年 9 月 1 日起执行。

9 月 1 日,气象卫星综合应用业务系统(9210 工程)单收站建成投入使用。

10 月 1—3 日,广东省气象局产业处、中心台、后勤处、业务处的领导到连南县气象局检查工作。

10 月 17 日,广东省气象局局长李明经、防雷中心主任杨少杰在清远市气象局局长刘日光的陪同下到连南县气象局检查工作。

10 月 19 日,广东省气象局副局长余勇一行 20 人到连南县气象局检查工作。

是月,连南县委、县政府发出"南委发〔1999〕54 号"文件,表彰一批文明标兵单位和标兵户,其中连南县气象局获文明标兵单位。

12 月,连南县政府财政拨给 10 万元基建款。

2000 年

2 月 2 日,连南县气象局 6 层业务楼经建委等有关部门验收,工程质量为优良。

11 日,广东省气象局副局长胡光骏及易华总经理一行到连南县气象局检查工作。

29 日,中国气象局文明办主任李士斌及广东省气象局局长李明经、副局长余勇,清远市气象局局长刘日光到连南县气象局检查工作。

4 月 28 日,清远市气象局发出《关于陈记国等同志职务任免的通知》(清气人字〔2000〕7 号),聘任陈记国任连南县气象局办公室主任,胡东平任业务服务股长,邵斌任防雷所长。

6 月 21 日,连南县农林水战线党委发出《关于表彰先进党支部、优秀共产党员、优秀党务工作者的决定》(南农党委〔2000〕05 号),连南县气象局党支部被评为先进党支部。

12 月 12 日,清远市人大常委会副主任陈偶胜带领气象执法检查组到连南县气象局进行执法检查。

是月,连南县气象局被清远市气象局评为科技服务先进集体。

2001 年

2 月 21 日,连南县政府办公室印发《关于县自动气象站网建设实施方案的批复》(南府办复〔2001〕05 号),连南县人民政府同意投入 20 万元支持建设自动气象站网。

4 月 28 日,广东省气象局发出《关于恢复地面观测一般站白天守班制度和进行实时资料上传的通知》(粤气业〔2001〕17 号),从 6 月 1 日起恢复连南县气象站白天守班制度。所有业务均按白天守班规程操作,同时担负 14 时、20 时的实时资料上传任务。

2002 年

3 月 7 日,清远市气象局党组发出《关于梁正科同志职务任免的通知》(清气党组字〔2002〕2 号),聘任梁正科为连南瑶族自治县气象局(台)局(台)长(正科级),任期为两年。

27 日,清远市气象局发出《关于调整连南瑶族自治县气象局领导班子成员的通知》(清气人字〔2002〕4 号),由梁正科、陈记国、胡东平三人组成连南县气象局领导班子,陈记国兼任纪检监察员。

是日,清远市气象局发出《关于胡东平等同志任职的通知》(清气人字〔2002〕14 号),任命胡东平为连南县气象局局长助理、业务服务股长,陈记国为办公室主任,邵斌为防雷所长。

29 日,连南县政府办公室发出《关于自动气象站网建设有关问题的通知》(南府办〔2002〕06 号),要求有关镇和单位要重视和支持自动站网的建设工作,场地和用电由气象站网布点所在地无偿提供。

5 月 28 日,连南县编制委员会印发《关于转发〈连南瑶族自治县国家气象系统机构改革方案〉的通知》(南机编〔2002〕50 号),连南瑶族自治县气象局(站)改称为连南瑶族自治县气象局(台)。机构规格仍为正科级,内设机构为办公室、业务服务股,防雷设施检测所为直属事业单位。县气象局人员编制数定为 7 人。

11 月 14 日,广东省气象局局长李明经带领调研组到连南县气象局调研,并支持 5 万元作装修办公室费用。

12 月 26 日,连南县气象局被清远市气象局评为 2002 年度气象系统优秀达标单位。

31 日,连南县气象局防雷所被评为清远市防雷减灾工作先进集体。

2003 年

3 月 13 日,中国气象局调研组于新文、刘彤、曾令慧、王海啸一行到连南县气象局调研。

5 月 8 日,在省、市局的工程技术人员通力合作和指导下,板洞、南岗、大坪三个自动气象站的基础设施按时建成,运行正常。

13 日,连南县政府办公室印发《关于同意更改征地位置的批复》(南府办复〔2003〕25 号),同意更改征地位置,将三江镇五星村委直路顶张屋背山墩 30 亩①土地建设气象观测基地。

6 月 30 日,连南县编制委员会印发《关于同意县防雷设施检测所核定事业编制的批复》(南机编〔2003〕12 号),同意连南县防雷设施检测所核定事业编制 5 名,正股级,经费自筹,隶属连南县气象局领导和管理。

7 月 1 日,连南县委印发《中共连南瑶族自治县委关于表彰先进基层党组织、优秀共产党员和优秀党务工作者的决定》(南委发〔2003〕64 号),梁正科同志被中共连南县委评为优秀共产党员。

8 月 13 日,连南县人大常委副主任房介二、邓健和 20 位市、县人大代表到连南县气象局视察《中华人民共和国气象法》实施议案的工程配套资金情况、自动气象站的运行维持经费、气象观测站征地等情况。

28 日,清远市人大常委会副主任张有健,广东省人大代表、广东省气象局气候应用研究所科技服务中心主任宋丽莉,清远市人大常委会农委主任钟理荣,清远市气象局局长刘日光,连南县人大常委会副主任房介二,连南县人民政府副县长李伟陆等一行 20 多人到连南县气象局检查实施省人大议案情况,检查内容包括自动气象站建设情况、自动气象站维持经费、气象观测站用地征地情况。

12 月 17 日,广东省档案局委托清远市档案局组织评审组对连南县气象局的档案管理进行考核评审。经考核,总分达到国家二级科技事业档案管理标准,定为国家二级科技事业档案管理单位。

---

① 1 亩≈666.67 平方米,下同。

2004 年

1 月 1 日,连南县气象局根据广东省气象局《转发中国气象局关于颁布〈地面气象观测规范〉的通知》(粤气业〔2003〕31 号),地面观测开始使用新的《地面气象观测规范》。

9 日,清远市气象局印发《关于胡东平等同志职务任免的通知》(清气〔2004〕4 号),胡东平续任连南县气象局局长助理(正股级),陈记国续任局办公室主任,莫荣耀任业务服务股长,龚仙玉任防雷所长,任期 2 年。

2 月 25 日,连南县人大常委会印发《关于将自动气象站运行维持经费纳入财政预算的意见》(南人常〔2004〕04 号)。

3 月 3 日,连南县委印发《关于表彰全县精神文明建设先进单位和先进个人的决定》(南委发〔2004〕9 号),连南县气象局被连南县委、县政府被评为 2002—2003 年度"文明标兵单位"。

4 月 23 日,清远市气象局印发《关于梁正科等同志任职的通知》(清气党组〔2004〕6 号),梁正科续任为连南瑶族自治县气象局(台)局(台)长(正科级),任期 2 年。

7 月 9 日,清远市委、市政府印发《中共清远市委、清远市人民政府关于表彰清远市"五十佳文明示范窗口"和"文明小康镇"的决定》(清发〔2004〕34 号),连南县气象局被评为"五十佳文明示范窗口"。

10 月 1 日,连南县气象局增加每日 11 时、17 时地面气象补充观测时次,观测要素为气温、气压、湿度。

2005 年

1 月 1 日,根据广东省气象局"粤气〔2004〕407 号"文件通知,地面测报业务使用 OSS-MO2004 版测报软件观测编报。

20 日,根据广东省气象局"粤气函〔2005〕2 号"文件通知,连南县气象站与省市通讯网络通信方式 X.25 切换到 SDH2M 宽带通信,业务稳定运行 10 天后即可撤消 X.25 通信网,换网后连南县气象站局域网计算机 IP 地址将按中国气象局最新的 IP 地址规划分配。

24 日,连南县气象局召开关于加强气象探测环境保护座谈会,连南县人大农业委员会、国土建设环保局、市政规划局负责人应邀参加会议。

是月,清远市气象局印发《关于表彰全市气象部门 2004 年先进集体和先进个人的决定》(清气〔2005〕7 号),连南县气象局被评为 2004 年度目标管理优秀达标单位。

5 月 22 日,连南县政府召开气象局和广播电视事业局协商会,决定在连南县电视台发布的《天气预报》节目由连南县气象局制作,由广播电视事业局安排播出,即日连南县气象局建立起连南气象影视制作平台。

6 月 29 日,连南县委印发《中共连南瑶族自治县委关于表彰先进基层党组织、优秀共产党员和优秀党务工作者的决定》(南委发〔2005〕38 号),连南县气象局党支部被评为"先进基层党组织"。

8 月 19 日,连南县气象局承担的科研课题《连南县反季节蔬菜不利气候因素的防御和对策》通过广东省气象局专家组的验收。

是月,连南县气象局气象观测场重新建立观测场基准点,并将该基准点移至观测场正中位置。基准点为北纬 24°43′,东经 112°17′,海拔高度 112.7 米。

9月15日,连南县气象局作为首批行政服务中心窗口单位进驻连南县政府行政服务中心。

10月中旬,连南县政府办公会议做出决定,划拨25亩土地作为气象科技园建设用地,同时,印发"南委办〔2005〕110号"文件,成立气象观测科技园建设工作领导小组。

11月,连南县气象局完成Ⅱ型遥测自动气象站的安装和调试,将于2006年1月开始进入业务运行。

2006年

1月1日,连南县气象局Ⅱ型遥测自动气象站投入运行,进入测报平行观测第一年。

18日,广东省气象局副局长林献民、业务处处长周小萍在清远市气象局局长刘日光的陪同下考察连南县气象局新的观测场选址。

是月,连南县委印发《关于表彰招商引资先进单位和先进个人及有功人员的决定》(南委发〔2006〕6号),连南县气象局被评为2005年招商引资工作先进单位。

是月,广东省气象局印发《关于奖励2005年优秀测报员和先进测报组的通报》(粤气〔2006〕33号),连南县气象局测报组被评为2005年度先进测报组。

是月,清远市气象局印发《关于表彰2005"业务质量年"活动先进集体和先进个人的决定》(清气〔2006〕30号),连南县气象局测报组被评为地面测报优秀测报组。

是月,清远市气象局印发《关于表彰全市气象部门2005年先进集体和先进个人的决定》(清气〔2006〕9号),连南县气象局被评为"2005年目标管理优秀达标单位"。

3月,"连南气象观测科技园"、"连南气象灾害预警"等工程被列入连南瑶族自治县国民经济和社会发展第十一个五年规划,总投资369万元。

4月12日,板洞、大坪、南岗三个自动气象站数据通讯被改装为GPRS连接。

19日,连南县财政局印发"南财〔2006〕38号"文件,气象经费比上年度增加2.5万元,总经费7.5万元。

5月24日,清远市物价局局长彭健在清远市气象局副局长李国毅的陪同下到连南县气象局检查防雷设施检测收费问题。

6月21日,连南县人民政府印发《转发广东省突发气象灾害预警信号发布规定的通知》(南府办〔2006〕48号),转发《广东省突发气象灾害预警信号发布规定》。

8月17日—9月20日,连南县气象局按照清远市气象局《关于下发〈清远市气象局工作人员进岗实施办法〉和〈清远市气象局竞争上岗实施办法〉的通知》(清气〔2006〕75号),《关于印发〈连南瑶族自治县国家气象系统机构编制调整方案〉的通知》(清气〔2006〕87号),《关于对连南县气象局工作人员进岗实施办法的审核意见》及《连南瑶族自治县气象局人员进岗实施办法》(南气〔2006〕15号)等文件,开展业务体制改革,在连南瑶族自治县国家一般气象站的基础上,组建连南瑶族自治县国家气象观测站(二级站),与连南瑶族自治县气象局(台)合一,为正科级,加挂连南瑶族自治县气象预警信号发布中心牌子,内设办公室、业务服务股二个正股级机构,防雷设施检测所(正股级)为直属单位,人员编制为8人,配备局长1人,副局长1人。

9月6日,清远市气象局印发《关于县(市)气象局正、副局长任职的通知》(清气党组〔2006〕10号),任聘梁正科为连南县气象局(台)局(台)长(正科级),聘期2年,聘任胡东平为连南县气象局(台)副局(台)(副科级)长,试用期 1 年。

10 月 10 日,广东省气象局局长余勇、办公室主任刘作挺、业务处处长周小萍在清远市气象局局长刘日光、办公室主任石天辉陪同下到县气象局视察台站建设工作,副县长唐拾斤接待余勇一行。

16 日,清远市气象局印发《关于调整清远市气象局纪检监察审计人同的通知》(清气〔2006〕104 号),胡东平被任命为连南县气象局纪检员。

23 日,清远市气象局印发《关于连南瑶族自治县气象局领导班子成员及股级干部任职的通知》(清气党组〔2006〕16 号),由梁正科、胡东平、莫荣耀组成领导班子,莫荣耀任业务股长,龚仙玉任办公室主任兼防雷所长。

11 月 29 日,清远市气象局印发《关于转发省气象局〈关于连南县气象局观测场搬迁的批复〉的通知》(清气〔2006〕114 号),同意连南县气象局搬迁至连南县三江镇五星村委直路顶张屋背,北纬 24°44′,东经 112°17′,观测场海拔高度 173.6 米。

12 月 5 日,广东省气象局印发《关于广东省地面气象观测站网调整业务运行的通知》(粤气〔2006〕351 号),从 2007 年 1 月 1 日起,连南县气象局原国家一般气象站调整为国家气象观测站二级站,观测任务不变,编发 08 时、14 时、20 时 3 次天气报加密报。

19 日,连南县新气象观测科技园动工,开始土建工程。

24 日,广东省计量认证评审组邹世昌、区永平到连南县气象局防雷所进行计量认证复评审。经现场评审,防雷所通过计量认证复评审考核。

28 日,连南县委印发《关于表彰依法治县工作先进单位、先进个人的决定》(南委发〔2006〕54 号),连南县气象局被评为县依法治县先进单位。

2007 年

1 月 1 日,按广东省气象局印发的"粤气业函〔2007〕10 号"文件要求,连南县气象站更名为连南国家气象观测站二级站。

是日,连南县气象局取消每日 11 时、17 时地面气象补充时次观测。

是月,广东省气象局印发《关于奖励 2006 年优秀测报员、先进测报组和最佳观测场的通报》(粤气〔2007〕041 号),连南县气象局测报组被评为 2006 年度先进测报组。

3 月 12 日,连南县市政规划部门接收连南县气象局呈送的气象探测环境保护相关文件。

13 日,连南县政府办公室印发《关于自动气象站网建设有关问题的通知》(南府办〔2007〕16 号),连南县在 2007—2009 年将增加 8 个自动气象站,项目建设资金由省、市、县三级财政共同承担,场地和用电由自动气象站布点所在地无偿提供。

4 月 23 日,连南县政府办公室印发《关于同意配套县区域气象观测站网建设资金的批复》(南府办复〔2007〕20 号),连南县人民政府同意配套 32 万元资金用于全县区域自动气象站网建设,其中 2007 年、2008 年各配套 12 万元,2009 年配套 8 万元。

6 月 20 日,印发《关于连南瑶族自治县气象局党支部委员会调整分工的通知》(南气字〔2007〕5 号),补选龚仙玉同志为支部委员,由梁正科同志任支部书记,胡东平同志任纪检委员,龚仙玉同志任组织委员。

29 日,连南县农林水战线党委发出《农林水系统党委关于表彰先进基层党组织、优秀共产党员和优秀党务工作者的决定》（南农党委〔2007〕9 号），连南县气象局党支部被评为"先进基层党组织"。

7 月 31 日，连南县气象局与连南县卫生局签定《连南县卫生局、连南县气象局应对气象条件引发公共卫生安全问题的合作方案》。

10 月 25 日，连南县人民政府制定《关于加快连南瑶族自治县气象事业发展的实施意见》（南府〔2007〕28 号），提出"十一五"计划气象事业奋斗目标及主要任务，按照"粤府〔135〕号"文，建立八大工程，提高八大能力。

是日，连南县人民政府下发《印发连南瑶族自治县气象灾害应急预案的通知》（南府办〔2007〕111 号）。

26 日，清远市气象局印发《关于胡东平同志任职的通知》（清气党组〔2007〕3 号），聘任胡东平为连南县气象局（台）副局（台）长（副科级），聘任期 2 年。

11 月，位于大龙山采育场、寨岗石径、涡水镇政府的 3 个区域自动气象站完成建设。

12 月 16 日，连南县气象观测科技园业务楼破土动工。

2008 年

1 月，清远市气象局发出《关于表彰全市气象部门 2007 年先进集体和先进个人的决定》（清气〔2008〕6 号），连南瑶族自治县气象局被评为 2007 年度目标管理优秀达标单位。

4 月 17 日，清远市政府副市长曾贤林、清远市气象局局长刘日光在连南县委副书记谢全生，县政府常务副县长林闻，副县长唐联志、吴仕豪的陪同下到新气象探测基地进行视察。

5 月 21 日，根据清远市气象局印发的《关于下发〈清远市气象部门事业单位岗位设置管理实施办法（试行）〉的通知》（清气〔2008〕66 号），连南县气象局开展事业单位专业技术人员竞争上岗工作。

6 月，中共清远市委和连南县委先后授予连南县气象局党支部"先进基层党组织"称号。

7 月 1 日，根据清远市气象局印发《关于同意连南县气象局新址开展对比观测的批复》（清气〔2008〕84 号），连南县气象局新观测场即日至 2009 年 6 月 30 日进行自动站对比观测。

8 月 13 日，连南县人民政府发出《关于印发连南县气象探测环境保护的意见》（南府办〔2008〕65 号），要求各镇政府及各单位认真做好气象探测环境保护工作。

11 月底，完成三排镇、大麦山镇、香坪镇 3 个区域自动气象站建设。

是年，在省、市气象主管部门的大力支持下，连南县气象局按计划完成连南新的气象观测科技园建设。其中于 5 月建成新的 25 米×25 米标准观测场，于 6 月 23 日进入观测试运行期，经省局同意在 7 月 1 日起开展与旧站的观测对比工作，观测数据一切正常，2008 年 12 月 31 日 20 时，开始正式切换业务；2009 年 1 月 1 日，正式启用新的观测场，旧站作为区域自动气象站保留；业务用房于 6 月完成主体工程，8 月开始装修，12 月底完成台站办公迁站工作。

第一篇 建置环境

第一章 县境和行政区划

第一节 建置沿革

连南地域,春秋战国时期属楚国,秦朝属长沙郡,汉朝属桂阳郡,三国、晋朝属始兴郡,南北朝属阳山郡,隋朝属熙平郡,唐朝、宋朝属连州,元朝属连州路,明朝属连州。至清康熙四十二年(1703年),在三江城设理瑶同知,专理瑶务,属广州府,行政区域分属连县、连山县管辖。雍正七年(1729年),改理瑶同知为理瑶军民直隶同知,仍属广州府。嘉庆二十二年(1817年),又改理瑶军民直隶同知为连山绥瑶军民直隶同知,官府迁往连山县(即今连山壮族瑶族自治县的太保镇旧城),此时连山县改为连山绥瑶直隶厅。

民国元年(1912年),连山绥瑶直隶厅复改为连山县,县府内设"瑶务处",管辖瑶族地区。民国16年,设"连阳化瑶局",隶属广东省国民政府。次年,分置三江、寨岗、太保三个办事处,综理瑶务。但民事刑事案件仍分属连山、连县、阳山三县处理。民国24年5月,改"连阳化瑶局"为"连阳安化管理局",局址驻连州,遥辖瑶区。民国28年,迁入三江城。民国35年3月,撤"连阳安化管理局"置连南县,县府驻三江城,统辖瑶区。当时设3个区、20个乡、94个保,连南之名于兹第一次出现。

中华人民共和国成立后,于1950年5月16日成立连南县人民政府,县府驻三江镇,辖瑶区。1953年1月25日,连山、连南两县合并,成立连南瑶族自治区(县级),把原连县的三江和阳山县的寨岗(包括寨南)划入自治县版图。1954年3月,原连山县辖地划出,恢复连山县建置。1955年6月,连南瑶族自治区改称为连南瑶族自治县。1958年12月,与连县、连山、阳山合并为连阳各族自治县,县府设在连州镇。1960年10月,阳山县划出后,连阳各族自治县改称为连州各族自治县;1961年10月,撤消连州各族自治县,恢复连南瑶族自治县建置,属韶关地区管辖。1983年地市合并后,由韶关市管辖;1988年1月划入清远市管辖。

第二节　行政区划

　　民国 16 年（1927 年），广东省政府把分属连县、连山县、阳山县管辖的瑶区划出，设连阳化瑶局。次年，设三个区，由局直接管辖。民国 35 年（1946 年）设连南县，下设区、乡、保、甲。1949 年 12 月 8 日，连南县解放。1950 年 5 月，成立连南县人民政府后，废除保、甲制，设区、乡、村。1958 年冬，建立人民公社，实行政社合一。县以下设人民公社、生产大队、生产队。1983 年，撤销人民公社，实行区、乡（镇）制。1986 年，撤区建乡镇，完善农村基层政权建设，实行乡、镇、管理区、居民委员会制。至 1987 年 4 月，全县设 9 个乡、3 个镇、81 个行政村、3 个居民委员会。1999 年，寨南、三排、南岗、大坪、金坑、香坪、涡水等 8 个乡改为镇。2002 年，撤销山联乡，其管辖的行政区域划归寨南镇管辖。2003 年，盘石镇与香坪镇合并为香坪镇。2004 年，寨岗镇与寨南镇合并为寨岗镇；三排镇与南岗镇合并为三排镇；三江镇与金坑镇合并为三江镇，同时撤并 14 个行政村，至此，全县共 7 个镇、69 个行政村、2 个居委会，其中三江镇辖 10 个行政村、1 个居委会；寨岗镇辖 23 个行政村、1 个居委会；大麦山镇辖 9 个行政村；大坪镇辖 5 个行政村；三排镇辖 10 个行政村；香坪镇辖 6 个行政村；涡水镇辖 6 个行政村。

第二章 自然地理

第一节 地理位置

连南瑶族自治县（以下简称连南县）位于广东省西北部，介于北纬24°17′16″~24°56′2″和东经112°2′2″~112°29′1″，东北部与连州市交界，东南部与阳山县相连，南面紧接怀集县，西南与连山相邻，西北角与湖南省江华瑶族自治县接壤。连南县境内道路纵横交错，交通便利。107国道、清连高速公路、323国道和建设中的二广高速公路穿越县境，并有联络线直抵县城。

县境东西最宽45千米，南北长71千米，全县土地总面积为1305.9平方千米。全县划分为7个镇，即三江、寨岗、大麦山、香坪、大坪、涡水、三排。瑶族分布于占全县面积88%的山区，是广东省3个少数民族自治县中少数民族人口最多的自治县，也是全国乃至全世界唯一的排瑶聚居地。汉族分布于三江镇、寨岗镇等地，皆属平原丘陵地带，占全县面积的12%。2008年，全县人口16.13万人，其中瑶族8.43万人，占总人口的52.3%；汉族7.53万人，占总人口的46.7%，其他如壮、回、满、黎、彝、土家、布依、朝鲜等少数民族约占总人口的1%。

第二节 自然环境

连南县境属于南岭山脉西南余脉的丘陵地带，山丘广布，北有大龙山，西有大雾山，南有起微山，使县境与江华、连山、怀集分隔。地形南北长，东西狭，整个地势北、西、南高，东部低平。山脉多由北向西南走向，县内海拔1000米以上的高山有161座，其中最高山峰为大雾山，海拔1659米。海拔1300米以上的山峰有：起微山1591米，大龙山1574米，孔门山1564米，烟介岭1472米，茶坑顶1384米，大粟地顶1381米，天堂山1364米，大帝头顶1314米。

连南县地貌主要有沿河冲积平原和山间冲积谷地、丘陵、山地等类型。其中冲积平原和山间冲积谷地占全县总面积的5.03%，主要分布在三江、寨岗、板洞、盘石、寨南、金坑、香坪、大坪、涡水等地。丘陵、山地占全县总面积的94.97%，有"九山半水半分田"之说。因人群聚居地多在盆地低洼地带，受山洪灾害影响严重。

从区域地质观察，连南县位于以桂阳为中心的狭长盆地南缘，地质基底属华夏古陆，为泥盆纪、石灰纪和二选纪的地层。母质岩基主要有石灰岩、花岗岩、砂质岩、板岩等；其中石灰岩占17.2%，分布于三排、南岗、白芒、九寨全部或大部，三江、寨岗、寨南的局部；花岗岩占25.8%，主要分布于寨岗、盘石的大部和大坪、香坪、白芒、金坑的局部；砂页岩占

51.7％,分布于金坑、三江、涡水、大坪、香坪的大部和南岗、九寨、盘石、寨岗的局部。由于三排、大麦山等乡镇石灰岩分布广泛,石山林立、奇峰突出,景色优美,形成典型的喀斯特地貌。也因此地貌,干旱时容易造成地表严重缺水,或在雨季时地表水来不及排泄,使低洼地带积水成灾,影响农业生产。

第二篇　气　候

第三章　气候特征

气候是由太阳辐射、大气环流、地理因素三大因子共同作用形成的。

太阳总辐射是地球表面热量的主要源泉,也是制约大气层温度场和气压场分布和变化的主导因子,在生产实践中具有重要意义。太阳辐射能量的多少,直接影响着大气和地面的增热与冷却。一般而言,太阳辐射能量的多少主要取决于太阳高度角的大小,而太阳高度角的大小又取决于纬度的高低,即纬度越低太阳高度角就愈大,总辐射量就愈大,反之则小。

季风环流是全球大气环流的重要成员之一,在纬度和地形不变的条件下,气候的年变化主要取决于大气环流的变化即季风环流的变化。广东省处于欧亚大陆的南端和太平洋的西侧,巨大的海陆差异,使广东省成为著名的季风区,夏季盛行西南季风和东南季风,冬季盛行东北季风。连南县处于北回归线附近地区,一年中既受低纬环流的影响,又受中高纬大气环流的影响,其间相互联系又相互制约。冬季蒙古冷高压南部地面以上 1～2 千米大气层盛行偏北气流,当强大的冷空气南下时,其冷锋可掠过连南县,甚至到达南部沿海地区,造成普遍降温、大风或阴雨天气。寒潮过程中,大风风力可达 6～7 级,24 小时气温下降 10℃或以上,寒潮天气持续时间通常为 3～5 天,以后便可回暖转晴。若冷空气势力较弱,则冷锋可在南岭一带趋于静止,使连南县出现连阴雨天气。夏季盛行来自海洋暖湿的偏南季风,使连南县天气湿热多雨。

在区域气候特征和气候分异的形成中起到至关重要作用因素是地理因素。地理因素主要包括:经纬度、海陆格局(位置)、地形(地形轮廓、山脉走向)、下垫面等。连南县境纬度介于北纬 24°17′16″～24°56′2″,位于北回归线以北,陆地亚热带纬度区间内,年平均气温18.5～20.6℃,由于受到副热带高压和海陆位置等因素作用,形成亚热带季风气候。冬季亚洲大陆为高气压所控制,盛吹由陆地向海洋的西北风即冬季风(受地形影响,连南县以东北风向为主),降水较少;夏季亚洲大陆为低气压所控制,盛吹由海洋向陆地的东南风即夏季风(受地形影响,连南县以西南风向为主),降水较多。

第一节　气候特点

连南县属于中亚热带季风气候,热量丰富,雨量充沛,雨热同季,四季分明,冬冷夏热,冬短夏长,大陆度为58(计算公式:$D=(1.7\Delta\theta\div\sin\varphi)-20.4$,式中 D 为大陆度(%),$\Delta\theta$ 为温度年较差,φ 为纬度)。最主要的气候特点是:

1. 气候温和。年平均气温为 19.6℃,日平均气温≥0℃的年积温为 7180.1℃,最热月是 7 月,月平均气温为 28.5℃,最冷月是 1 月,月平均气温为 9.1℃,平均年无霜期为 320 天,平均年霜日数为 8.8 天,平均年降雪日数为 1.8 天。

2. 雨量充沛,雨热同季。平均年降水量为 1676.3 毫米,其中 3—8 月降水量占全年总降水量的 75%,降水量集中的季节,也是一年中温度最高的月份,有利于农作物生长发育的需要。

3. 光照较强。平均年日照时数为 1484.7 小时,日照百分率为 33.7%。

4. 县内多高山,地形复杂,立体气候比较明显。如大雾山海拔为 1659 米,比寨岗、三江等盆地高差达 1400 米以上,按气温递减率 0.6℃/100 米计算,两地气温差将达 8℃以上,再加上地形对降水的影响,形成丰富山区立体气候资源。

第二节　四季气候

一、四季划分标准

根据不同应用习惯和科学研究需要,四季划分标准有以下几种:

1. 天文法。从天文现象看,四季变化就是昼夜长短和太阳高度的季节变化。在一年中,白昼最长、太阳高度最高的季节就是夏季,白昼最短、太阳高度最低的季节就是冬季,冬、夏两季的过渡季节就是春、秋两季。为此,天文划分四季法,就是以春分(3 月 21 日)、夏至(6 月 21 日)、秋分(9 月 21 日)、冬至(12 月 21 日)作为四季的开始。即:春分到夏至为春季,夏至到秋分为夏季,秋分到冬至为秋季,冬至到春分为冬季。

2. 节气法。我国古代根据太阳的运行周期制定 24 节气,并以"四立"作为划分四季的界限,即以立春(2 月 4 日或 5 日)作为春季开始,立夏(5 月 5 日或 6 日)作为夏季开始,立秋(8 月 7 日或 8 日)作为秋季开始,立冬(11 月 8 日或 9 日)作为冬季开始。

3. 农历法。我国民间习惯上用农历月份来划分四季。以每年农历的 1—3 月为春季,4—6 月为夏季,7—9 月为秋季,10—12 月为冬季。

4. 气候法。在气象部门,气候统计通常以阳历 3—5 月为春季,6—8 月为夏季,9—11 月为秋季,12 月至次年 2 月为冬季,并且常常把 1 月、4 月、7 月、10 月作为冬季、春季、夏季、秋季的代表月份。

5. 候均温法。这种划分法是以候平均气温作为划分四季的温度指标。当候平均气温稳定在 22℃以上时为夏季开始,候平均气温稳定在 10℃以下时为冬季开始,候平均气温在 10～22℃为春秋季。从 10℃升到 22℃是春季,从 22℃降到 10℃是秋季。

在本志中,如不特别指明,四季均使用气候法作为划分标准。

二、连南四季气候与差异

地球上不仅各地区的气候差异很大,就是同一地区在不同季节,气候也是不同的。

按气候法划分四季时,连南县春季平均气温为19.5℃,降水量为659.5毫米;夏季平均气温为27.8℃,降水量为592.7毫米;秋季平均气温为21.0℃,降水量为213.6毫米;冬季平均气温为10.3℃,降水量为210.6毫米。相较春秋温度相近,但春季多雨湿润,平均雨日为58天,秋季少雨干旱,平均雨日仅有26天;春夏雨量相近,但夏季气温较春季高,平均温差为8.3℃;秋冬雨量相近,但春季寒冷,秋季凉爽,平均温差为10.7℃。

从四季风向变化上看,连南县季风气候明显,风向呈季节性变化。夏季多吹南风,冬季及其它各月多吹东北风。从气候变化来看,四季气候差异明显:春季阴冷多雨,夏季炎热多雨,秋季凉爽少雨,冬季寒冷干旱。

春季的特点是冷暖交替频繁,阴雨寡照天气多。春季由于北方南侵的冷空气势力逐渐减弱,来自热带的偏南暖湿气流的势力逐渐加强,两者在本地区表现为势力相当,冷暖空气常交汇于华南地区,形成华南静止锋,在静止锋的影响下,常出现连续性的低温、阴雨寡照天气。春季天气多变,常出现"乍暖还寒"现象,即在回暖过程中,受冷空气的影响,气温出现明显的下降波动,但是当冷空气过后,天气又迅速回暖,过几天又可能发生冷空气的再度侵袭,天气又由暖转冷。春季是日照时数最少的季节,尤其是3月,是年内日照时数最少的月份,平均月日照时数只有52.5小时。

夏季的主要特点是气温高,降水量多而集中,雨热同季。夏季平均降水量为592.7毫米,占全年总降水量的35%,年内极端最高气温出现在7—8月,日最高气温≥35℃日数平均为24.7天,最多年份可达49天,最少年份有10天。

秋季是夏、冬的过渡季节,主要特点是秋高气爽,日热夜凉温差大,平均气温为25.0℃,各月平均气温日较差在8.6℃以上。平均降水量为213.6毫米,占年降水量的13%;平均相对湿度为75%,是全年最干燥的季节。进入秋季,由于来自北方的冷空气影响日趋明显,降水日数和降水量明显减少,雨季结束,转入少雨季节,出现多晴天、少云或无云的秋高气爽天气。这种久晴天气还伴有两种现象:一是俗称的"秋老虎",是指进入秋季以后,气温本应下降,但有时却反常地出现持续高温天气,使人们感到炎热难熬;二是秋旱,是由于久晴少雨,蒸发量大,因而秋旱常有发生。

冬季是北方蒙古冷高压活动的鼎盛时期,冬季风势力强大。进入冬季,连南县经常处于干冷气流的控制下,是一年中相对寒冷的季节,平均气温为10.3℃,为全年最低。冬季最冷月(1月)平均气温为9.1℃。由于冬季主要受冷空气控制,相对干燥,平均降水量为210.6毫米,占年降水量的13%。12月是全年降水量最少的月份,月平均降雨量只有39.8毫米,因而冬旱或冬春连旱甚至秋冬春连旱常有发生。冬季虽然降水稀少,但个别年份也会出现暴雨天气,如1983年1月4日,连南县降水量为75.1毫米。

按候均温法划分四季时,连南夏长冬短,春秋过渡快,具体为:春季从3月8日—5月11日,历时64天,夏季从5月12日—10月4日,历时146天,秋季从10月5日—12月9日,历时66天,冬季从12月10日至次年3月7日,历时89天。

第四章　气候要素

气候要素是用来说明大气状态的基本物理量和基本天气现象,也被称作气象要素。如气压、气温、湿度、风向风速、降水、雷暴、雾、辐射、云量云状等等。气候要素不仅是人类生存和生产活动的重要环境条件,也是人类物质生产不可缺少的自然资源。在生态学、地学、资源科学和农学等多学科的研究中,气候要素数据都是重要的基础数据源。

第一节　气压

气压是作用在单位面积上的大气压力,即等于单位面积上向上延伸到大气上界的垂直空气柱的重量。气压的国际制单位是帕斯卡,简称帕,气象上使用单位是百帕(hPa),取一位小数。

连南县累年平均气压为 1000.8 百帕,历年最高平均气压为 1001.9 百帕,历年最低平均气压为 999.3 百帕,极端最高气压为 1025.4 百帕(1996 年 2 月 20 日),极端最低气压为 976.0 百帕(2001 年 7 月 6 日)。一年中,平均气压最高月份是 12 月(1009.9 百帕),最低月份是 7 月(991.4 百帕),见表 4-1-1 和图 4-1-1。

表 4-1-1　连南县各月平均气压表　　　　　　　　　　　单位:百帕

	1 月	2 月	3 月	4 月	5 月	6 月	累年平均
平均	1009.4	1007.3	1003.8	999.8	995.8	992.2	
最高	1012.8	1011.0	1007.1	1003.0	998.5	996.1	
最低	1006.7	1002.4	999.7	995.6	992.8	989.5	
	7 月	8 月	9 月	10 月	11 月	12 月	1000.8
平均	991.4	991.9	997.2	1003.2	1007.4	1009.9	
最高	994.5	994.6	1000.6	1006.1	1010.1	1012.5	
最低	988.3	989.5	993.4	1000.0	1004.1	1005.1	

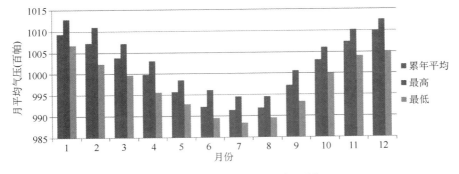

图 4-1-1　连南县各月平均气压图

第二节　气　温

　　气温是表示空气冷热程度的物理量,气象上使用的气温通常是指距离地面 1.5 米高度处空气的温度,采用摄氏度(℃)为单位。一个地区的温度状况,通常用年(月)平均气温,年(月)平均最高(低)气温和极端最高(低)气温来衡量。

　　1962—2008 年,连南县累年平均气温为 19.6℃,最高年平均气温为 20.6℃(2007 年),最低年平均气温为 18.5℃(1984 年)。一年中,气温最高月份是 7 月,月平均气温为 28.5℃,最低月份是 1 月,月平均气温为 9.1℃,见表 4-2-1 和图 4-2-1。日最高气温≥35℃年平均日数为 27.4 天。日最低气温≤5℃年平均日数为 33.2 天,平均初日为 12 月 3 日,平均终日为 3 月 1 日,最早初日为 10 月 30 日,最迟终日为 4 月 6 日。日最低气温≤0℃年平均日数为 3.7 天,平均初日为 1 月 1 日,平均终日为 1 月 26 日,最早初日为 11 月 24 日,最迟终日为 4 月 2 日。极端最高气温为 40.6℃(2003 年 7 月 23 日),极端最低气温为－4.8℃(1963 年 1 月 15 日),见表 4-2-2。日平均气温≥0℃年活动积温为 7180.1℃,稳定通过 10℃有效积温为 6810.5℃。日平均气温稳定通过 5℃的平均初、终日分别为 1 月 23 日和 12 月 28 日,稳定通过 10℃的平均初、终日分别为 3 月 8 日和 12 月 9 日,稳定通过 12℃的平均初、终日分别为 3 月 9 日和 11 月 28 日,稳定通过 14℃的平均初、终日分别为 3 月 28 日和 11 月 19 日,稳定通过 20℃的平均初、终日分别为 4 月 29 日和 10 月 17 日,稳定通过 22℃的平均初、终日分别为 5 月 12 日和 10 月 4 日。连南县的板洞、三江、寨岗、南岗、大坪各月平均气温见表 4-2-3。

表 4-2-1　连南县各月平均气温表(1962—2008)　　　　　　　　　　单位:℃

	1 月	2 月	3 月	4 月	5 月	6 月	累年平均
平均	9.1	10.7	14.4	19.8	24.1	26.7	
最大	11.9	15.6	17.4	22.8	26.3	28.3	
最小	5.0	6.1	10.7	17.6	22.4	25.3	
	7 月	8 月	9 月	10 月	11 月	12 月	19.6
平均	28.5	28.1	25.6	21.3	16.0	11.0	
最大	30.5	29.9	28.0	23.9	18.5	15.7	
最小	26.9	27.1	23.4	19.1	12.9	7.5	

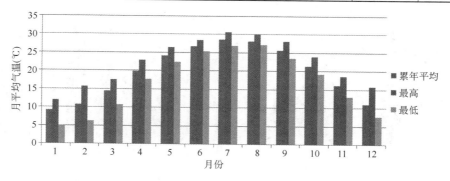

图 4-2-1　连南县各月平均气温图

表 4-2-2　连南县各月极端最高、最低气温表(1962—2008)　　　　　单位:℃

		1月	2月	3月	4月	5月	6月	
最高气温	气温	28.5	33.1	33.1	34.8	36.8	39.8	累年平均
	日期	1966—01—12 1969—01—27	1979—02—22	1988—03—14	2004—04—23	2004—05—28	2004—06—30	
最低气温	气温	−4.8	−3.3	−0.6	4.8	11.0	13.0	
	日期	1963—01—015	1969—02—08	1968—03—03	1969—04—06	2004—05—05	2004—06—05	
		7月	8月	9月	10月	11月	12月	
最高气温	气温	40.6	40.2	38.4	36.8	34.0	30.2	40.6
	日期	2003—07—23	2003—08—03	2008—09—22	2005—10—01	2005—11—05	1968—12—06	2003—07—23
最低气温	气温	19.6	19.1	13.2	4.9	−0.3	−3.8	−4.8
	日期	1989—07—31	1966—08—23	1966—09—26	1978—10—30	1975—11—24	1991—12—29	1963—01—15

表 4-2-3　板洞、三江、寨岗、南岗、大坪各月平均气温表(1962—2008)　　　　　单位:℃

	1月	2月	3月	4月	5月	6月	
板洞	5.8	10.2	12.0	16.0	20.0	22.4	累年平均
三江	9.1	10.7	14.4	19.8	24.1	26.7	
寨岗	7.6	12.4	15.3	20.0	24.3	27.0	
南岗	6.9	11.4	14.0	18.4	22.4	25.1	
大坪	6.9	11.2	13.9	18.4	22.5	25.2	
	7月	8月	9月	10月	11月	12月	
板洞	23.8	23.8	21.5	17.9	13.0	7.9	16.2
三江	28.5	28.1	25.6	21.3	16.0	11.0	19.6
寨岗	28.9	28.5	25.9	21.6	17.3	10.7	20.0
南岗	26.9	26.6	24.0	20.6	14.9	9.9	18.4
大坪	26.7	26.4	24.1	20.5	14.8	9.5	18.3

第三节　湿度

空气湿度是表示空气中的水汽含量和潮湿程度的物理量,简称湿度。大气中水汽的含量虽然不多,却是大气中极其活跃的成分,在天气和气候中扮演着重要的角色。衡量大气中的水汽,在实践中最常用的指标是相对湿度和水汽压两种。

水汽压是指空气中水汽部分作用在单位面积上的压力,和气压一样用百帕来度量。相对湿度是指空气中实际水汽压与当时温度下的饱和水汽压的百分比(％)。相对湿度的大小能直接表示空气距离饱和的相对程度。

1962—2008 年,连南县累年平均相对湿度为 79％。2—6 月相对湿度较大,平均在 80％以上;11—12 月相对湿度最小,平均在 74％或以下,见表 4-3-1。最大月平均相对湿度出现在 1975年 5 月和 1962 年 6 月,均为 90％,最小月平均相对湿度出现在 1992 年 11 月,为 58％。相对湿度年际变化不大,年平均相对湿度最大为 82％(1973 年),年平均相对湿度最小为 73％(2007 年)。

1962—2008 年,年平均水汽压为 19.3 百帕,见表 4-3-2。最大月平均水汽压出现在 1981 年 8 月,为 30.9 百帕,最小月平均水汽压出现在 1963 年 1 月,为 6.2 百帕。水汽压年际变化较大,最大年平均水汽压出现在 1998 年和 2002 年,为 20.3 百帕,最小年平均水汽压出现在 1984 年,为 18.4 百帕。

此外,连南县各月日最小相对湿度见表 4-3-3。

表 4-3-1　连南县各月平均相对湿度表　　　　　　单位:%

	1 月	2 月	3 月	4 月	5 月	6 月	累年平均
平均	77.8	80.4	82.6	82.7	81.6	82.2	
最大	86.2	86.9	88.6	88.6	90.0	89.9	
最小	66.7	69.3	70.1	76.5	72.6	73.8	
	7 月	8 月	9 月	10 月	11 月	12 月	78.5
平均	77.0	77.9	77.2	75.1	73.3	74.0	
最大	87.0	83.7	84.6	82.9	82.9	82.9	
最小	65.5	68.7	62.7	61.8	58.0	64.3	

表 4-3-2　连南县各月平均水汽压表　　　　　　单位:百帕

	1 月	2 月	3 月	4 月	5 月	6 月	累年平均
平均	9.1	10.6	13.9	19.3	24.4	28.5	
最大	11.1	14.4	16.4	22.0	27.6	30.6	
最小	6.2	7.7	11.4	16.3	21.9	26.9	
	7 月	8 月	9 月	10 月	11 月	12 月	19.3
平均	29.4	29.0	25.1	19.0	13.4	9.8	
最大	30.5	30.9	28.2	22.5	16.2	14.0	
最小	27.6	26.2	19.3	14.4	9.6	7.8	

表 4-3-3　连南县各月日最小相对湿度表　　　　　　单位:%

	1 月	2 月	3 月	4 月	5 月	6 月	累年极值
最小	8	9	11	18	15	25	
日期	1976—01—12	2007—02—02	1977—03—05 2008—03—01	1980—04—15 1988—04—24	2008—05—12	1988—06—03 2008—06—04	8
	7 月	8 月	9 月	10 月	11 月	12 月	累年极值日期
最小	23	25	19	14	12	12	
日期	2007—07—25 2007—07—28	2007—08—04	2007—09—19	1979—10—22 1992—10—31	2007—11—27 2008—11—28	1973—12—30 2008—12—01	1976—01—12

第四节　风

空气的流动现象称为风,气象观测中测量的是空气相对于地面的水平运动,用风向和风速表示。风向是指风的来向,用 16 个方位来表示;风速是指单位时间内空气移动的水平距离,也就是空气水平运动的速度,以米/秒(m/s)为单位,取一位小数。

连南县风向季节性变化明显,冬季多偏北风,夏季多偏南风。各月风向频率以静风最多,平均为 43.5%;其次为东北风,平均频率为 12.7%,见表 4-4-1 和图 4-4-1。

累年平均风速为 1.2 米/秒。月平均风速最大为 9 月至次年 1 月,为 1.3～1.4 米/秒;

月平均风速最小为 4—6 月，为 0.9～1.0 米/秒。年平均风速最大为 1974 年，达 1.8 米/秒；风速最小是 1999 年，为 0.4 米/秒。最大 10 分钟平均风速为 15.7 米/秒，极大瞬时风速为 22.7 米/秒，出现 8 级以上大风年平均日数为 1.1 天。

此外，连南县各月最多风向及频率见表 4-4-2。

表 4-4-1　连南县各风向频率表

	北	北东北	东北	东东北	东	东东南	东南	南东南	南
	N	NNE	NE	ENE	E	ESE	SE	SSE	S
频率(%)	3.7	4.4	12.7	8.0	2.8	1.0	1.2	1.3	4.4
	南西南	西南	西西南	西	西西北	西北	北西北	静风	
	SSW	SW	WSW	W	WWN	NW	NNW	C	
频率(%)	5.5	5.8	1.9	1.0	0.6	0.9	1.2	43.5	

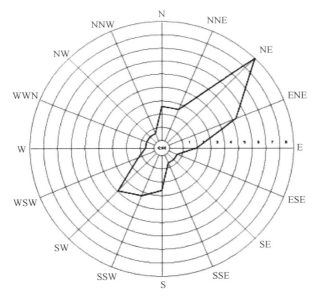

图 4-4-1　连南县风向频率玫瑰图

表 4-4-2　连南县各月最多风向及频率表

	1 月	2 月	3 月	4 月	5 月	6 月	年
最多风向与频率(%)	C 45.4 NE 18.6	C 44.4 NE 16.8	C 48.2 NE 14.5	C 48.7 NE 11.4	C 47.3 NE 10.5	C 48.3 NE 7.5	C 43.5
	7 月	8 月	9 月	10 月	11 月	12 月	
最多风向与频率(%)	C37.9 S11.9	C37.6 SSW9.6	C39.3 NE13.7	C40.6 NE15.8	C41.7 NE15.9	C44.4 NE17.1	NE 12.7

第五节 降水

从天空降落到地面上的液态或固态（经融化后）的水称为降水，某一时间段内的未经蒸发、渗透、流失的降水，在水平面上积累的深度称为降水量，以毫米为单位，取一位小数。降水是地表水的主要来源，一个地区水资源的优劣，很大程度上取决于降水量的多少和分布特点。

一、降水量时间分布

连南县累年平均降水量为 1676.3 毫米，最多年为 2399.7 毫米（1975 年），最少年为972.3 毫米（1963 年），最大年际差达 1427.4 毫米，见图 4-5-1 和表 4-5-1。

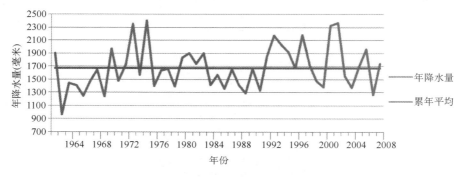

图 4-5-1 连南县历年降水量图

降水季节分布不均，主要集中在汛期（4—9 月），汛期平均降水量为 1192.7 毫米，占年降水量 71%，其中前汛期（4—6 月）平均降水量为 771.6 毫米，占年总降水量 46%，后汛期（7—9 月）平均降水量为 421.1 毫米，占年总降水量 25%，见图 4-5-2。这种降水季节分配不均的情形常常造成洪涝灾害和干旱灾害。

表 4-5-1 连南县各月降水量表　　　　　　　　　　　　　　　　　　　　单位:毫米

	1 月	2 月	3 月	4 月	5 月	6 月	年
平均	72.3	98.5	145.7	239.6	274.2	257.8	
最多	165.2	295.5	392.7	494.7	539	592.4	
最少	3.3	11.1	27.1	50.4	53.3	44.1	
	7 月	8 月	9 月	10 月	11 月	12 月	1676.3
平均	162.6	172.3	86.2	75.4	51.9	39.8	
最多	585.5	527.5	304.9	332.5	212.3	180.6	
最少	27.7	31.1	1.6	0	0	0.8	

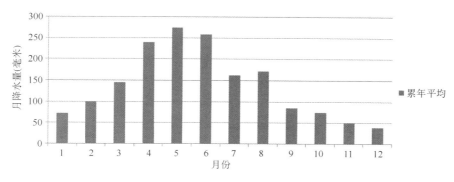

图 4-5-2　连南县各月降水量图

二、降水变率与降水强度

降水变率是表示一个地区降水量在年际间波动程度的指标,降水变率值愈大,反映该地区降水量的不稳定性愈大。在中国南方地区年降水变率在 16％左右,连南县的年降水变率平均为 15.7％。一年中,以 3—6 月降水变率较小,平均在 30％～40％,9 月开始降水变率明显增大,到 11 月达到最大值,以后逐渐下降。9 月到次年 2 月的降水变率大也可以说明此期间易出现不同程度的干旱,这与连南县主要干旱出现期是基本一致的。此外,7月降水变率为 50％,相对较高,是容易出现夏旱的月份,见表 4-5-2。

表 4-5-2　连南县各月降水变率表　　　　　　　　　　　　　　　　单位:％

	1 月	2 月	3 月	4 月	5 月	6 月	年
降水变率	57	45	40	30	31	40	16
	7 月	8 月	9 月	10 月	11 月	12 月	
降水变率	50	42	53	72	74	69	

降水强度是指某一时段内总降水量与降水日数之比,它表示每一降水日的平均降水量。降水量固然能够表示一个地方的湿润状况,但是降水的有效性和降水强度有一定的联系。如果雨势猛烈,大部分降水以地表径流的形式汇入江河,而不能为地表土壤和作物吸收,造成山洪暴发、水土流失、河道淤塞、泛滥成灾。所以降水强度是一个很重要的气候指标。连南县年平均降水强度为 9.8 毫米/雨日。由于一年中的降水量主要出现在夏半年(4—9 月),所以降水强度也主要以夏半年最大,平均为 11.9 毫米/雨日。冬半年(10 月至次年 3 月)最小,平均为 6.8 毫米/雨日,见表 4-5-3。

表 4-5-3　连南县各月降水强度表　　　　　　　　　　　　　　单位:毫米/雨日

	1 月	2 月	3 月	4 月	5 月	6 月	年
降水强度	5.7	6.5	7.7	12.4	13.8	13.4	9.8
	7 月	8 月	9 月	10 月	11 月	12 月	
降水强度	10.4	10.8	8.4	9.2	6.7	4.9	

三、降水日数

连南县平均年降水日数为 171.1 天,雨日最多出现在 3,4,5,6 月,分别为 18.9 天、19.3 天、19.9 天、19.2 天;最少为 10 月、11 月、12 月,分别为 8.2 天、7.7 天、8.2 天,见表 4-5-4 和图 4-5-3。最长连续降水日数为 41 天,出现在 1973 年 4 月 28 日—6 月 7 日;最长连续无降水日数为 46 天,出现在 2004 年 9 月 20 日—11 月 4 日。

表 4-5-4　连南县各月≥0.1 毫米降水日数表　　　　　　　单位:天

	1 月	2 月	3 月	4 月	5 月	6 月	年
平均	12.6	15.2	18.9	19.3	19.9	19.2	
最多	24	24	26	28	31	29	
最少	2	7	7	11	11	11	171.1
	7 月	8 月	9 月	10 月	11 月	12 月	
平均	15.7	16.0	10.3	8.2	7.7	8.2	
最多	28	24	18	17	20	17	
最少	5	6	1	0	0	2	

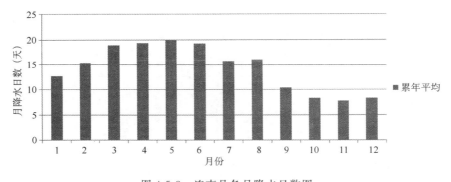

图 4-5-3　连南县各月降水日数图

四、暴雨降水日数

24 小时降水量为 50 毫米或以上的雨称为"暴雨"。连南县平均年暴雨日数为 5.0 天,其中最多年有 10 天(1993 年),少数年份无暴雨日出现(1963 年、1979 年)。最大日降水量为 231.5 毫米,出现在 2002 年 7 月 1 日,见表 4-5-5 和表 4-5-6。

表 4-5-5　连南县各月暴雨日数表　　　　　　　单位:天

	1 月	2 月	3 月	4 月	5 月	6 月	年
累年平均	0.1	0.1	0.3	0.8	1.0	1.0	
最多年日数	1	1	3	4	5	4	
	7 月	8 月	9 月	10 月	11 月	12 月	5.0
累年平均	0.5	0.5	0.2	0.3	0.1	0.0	
最多年日数	3	3	3	3	1	1	

表 4-5-6　连南县各月一日间最大降水量表　　　　　　单位:毫米

月份	最大雨量	日期
1 月	75.1	1983 年 1 月 1 日
2 月	59.9	1972 年 2 月 2 日
3 月	114.0	1996 年 3 月 3 日
4 月	153.9	1987 年 4 月 5 日
5 月	139.1	1974 年 5 月 1 日
6 月	141.3	1993 年 6 月 8 日
7 月	231.5	2002 年 7 月 1 日
8 月	185.0	1973 年 8 月 13 日
9 月	99.1	1992 年 9 月 6 日
10 月	131.8	1995 年 10 月 4 日
11 月	71.9	1990 年 11 月 16 日
12 月	63.7	2007 年 12 月 22 日
年极值	231.5	2002 年 7 月 1 日

五、降水区域分布

连南县降水量的地域分布大致由南向北逐步递减。最南端的板洞平均年降水量为2240.7毫米,西南的寨岗石径管理区平均年降水量为1962.5毫米,中部的涡水平均年降水量则为1940.5毫米,中部偏北地区的南岗、大坪平均年降水量分别是1891.6毫米和1840.9毫米,位于中北部的县城三江镇平均年降水量是1676.3毫米,最北端的大龙平均年降水量为1661.1毫米,较三江略少,见表4-5-7。(注:除三江镇外的其他乡镇因现有历史降水资料年限较短,所列数据经过订正得出,与实际值有一定误差。)

表 4-5-7　板洞、石径、涡水、南岗、大坪、三江、大龙各月降水量表　　　　　　单位:毫米

	1 月	2 月	3 月	4 月	5 月	6 月	
板洞	83.5	76.5	207.7	278.4	372.3	547.2	
石径	70.6	53.1	167.8	220.2	354.2	343.8	
涡水	105.1	46.5	129.0	194.2	340.3	299.6	
南岗	87.4	49.1	147.4	176.2	305.3	453.4	累年降水量
大坪	97.7	53.2	152.1	195.1	266.5	380.6	
三江	72.3	98.5	145.7	239.6	274.2	257.8	
大龙	79.2	50.5	148.4	195.9	309.7	264.9	
	7 月	8 月	9 月	10 月	11 月	12 月	
板洞	182.0	154.9	146.7	45.0	87.0	59.4	2240.7
石径	134.6	182.7	174.1	68.7	117.7	75.0	1962.5
涡水	197.2	243.4	163.9	46.5	90.9	83.8	1940.5
南岗	136.3	173.9	138.3	62.8	87.3	74.2	1891.6
大坪	191.7	175.3	124.6	44.7	84.1	75.0	1840.9
三江	162.6	172.3	86.2	75.4	51.9	39.8	1676.3
大龙	150.8	87.4	141.6	52.9	95.9	83.8	1661.1

第六节　地温

地温是指下垫面温度和不同深度的土壤温度,包括地表温度(裸露土壤表面的温度,即0厘米温度,也叫地面温度)、浅层地温(距离地面5厘米、10厘米、15厘米、20厘米深度处的土壤温度)、深层地温(距离地面40厘米、80厘米、160厘米、320厘米深度处的土壤温度)、草面温度(直接暴露于天空之下并处于短草之上的温度),与气温一样采用摄氏度(℃)为单位。地温的高低对近地面气温和植物的种子发芽及其生长发育,微生物的繁殖及其活动,有很大影响。地温资料对农、林、牧业的区域规划有重大意义。除此,高原冻土带修建铁路,地下矿产和地热资源开采等都需要参考多年的地温资料。

连南县地面气象观测站的地温观测业务开展时间不长,现有数据中只有地表温度(0厘米温度)数据序列较完整。连南县累年平均地表温度为21.6℃,极端最高地表温度为72.0℃(2000年7月4日),极端最低地表温度为-4.3℃(1999年12月23日)。地表温度月变化与气温基本一致,1月最低,月平均地表温度为10.1℃,7月最高,月平均地表温度为32.1℃,见图4-6-1。

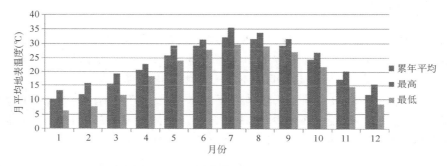

图4-6-1　连南各月平均地表温度图

第七节　蒸发

液态或固态物质转变为气态的过程称为蒸发,气象上主要指液态或固态水转变为水汽。蒸发量是指在一定时段内,水由液态或固态变为气态的量,以毫米(mm)为单位。自然条件下的蒸发量,包括自然水面、土壤和植物表面的综合蒸发量、蒸腾量是难以测定的。气象观测蒸发量是使用口径为20厘米专用蒸发皿进行观测所得,一般情况下其数据比稻田实际蒸发量要小,而比大塘、水库等水面的蒸发量要大,这是由于热容量的差异和热量交换快慢所致。

连南县累年平均蒸发量为1240.4毫米,最大年蒸发量达1505.2毫米(1974年),最小年蒸发量仅有992.8毫米(2001年)。一年中,蒸发量最大月份是7月、8月,平均值分别为178.0毫米和171.1毫米,最大月蒸发量达253.7毫米(1990年8月),见图4-7-1。同月份蒸发量年际间相差也很大,如1992年3月蒸发量为26.7毫米,1977年3月蒸发量为125.8毫米,两者相差99.1毫米,相差达4.7倍。

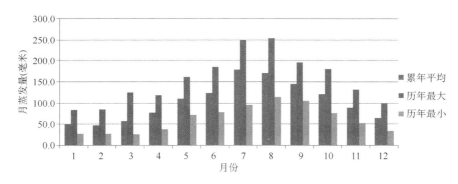

图 4-7-1　连南县累年平均月蒸发量图

蒸发量与降水量按月比较,1—6 月蒸发量小于降水量,差值在 21.5～162.9 毫米,7—12 月蒸发量总体上大于降水量,差值在 1.2～59.8 毫米,这也是 7—12 月间容易发生干旱灾害的原因之一。

蒸发量与降水量按年比较,平均年蒸发量少于年降水量,平均差值为 435.9 毫米,见表 4-7-1 和图 4-7-2。

表 4-7-1　连南县各月降水量、蒸发量对照表(1964—2008 年)　　　　　　　　单位:毫米

	1 月	2 月	3 月	4 月	5 月	6 月	
降水	72.3	98.5	145.7	239.6	274.2	257.8	累年
蒸发	50.8	47.3	57.9	77.4	111.3	123.8	
降水量与蒸发量差值	21.5	51.2	87.8	162.2	162.9	134.0	
	7 月	8 月	9 月	10 月	11 月	12 月	
降水	162.6	172.3	86.2	75.4	51.9	39.8	1676.3
蒸发	178.0	171.1	146.0	121.8	89.8	65.2	1240.4
降水量与蒸发量差值	−15.4	1.2	−59.8	−46.4	−37.9	−25.4	435.9

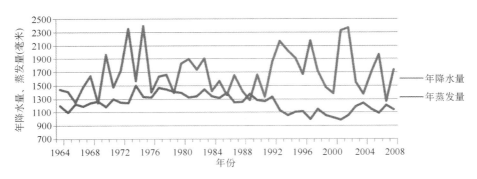

图 4-7-2　连南县历年降水量与蒸发量图

第八节　日　照

日照是指太阳的光照,是太阳辐射的主要表征因子,是地球表面热量的主要源泉,是大气层温度场和气压场分布和变化的主导要素,在人们的生活、生产、科研实践中具有重要意义。太阳在一地实际照射地面的时间称为日照时数,单位:小时,取一位小数。(日照时间/

可照时间)×100%,称为日照百分率。

连南县累年平均总日照时数为 1484.4 小时。日照时数最多年份是 1971 年,为 1733.6 小时,年日照百分率为 39%,日照时数最少年份是 1993 年,为 1062.5 小时,年日照百分率为 24%。

各月日照时数以 7 月最多,平均月日照时数为 204.0 小时,占全年日照时数的 13.7%,日照百分率为 49.3%;最少是 3 月,平均月日照时数为 52.5 小时,占年日照时数的 3.5%,日照百分率为 14.1%,见表 4-8-1、图 4-8-1 和表 4-8-2。

表 4-8-1　连南县各月日照时数表　　　　　　　　　　　　　　　　单位:小时

	1 月	2 月	3 月	4 月	5 月	6 月	
平均	80.3	55.3	52.5	66.6	108.4	128.6	累年
最多	178.5	130.4	129.5	131.8	201.4	217.2	
最小	20.2	0.3	5.7	4.0	28.0	42.9	
	7 月	8 月	9 月	10 月	11 月	12 月	
平均	204.0	199.7	174.8	154.8	136.2	123.2	1484.4
最多	283.7	283.0	249.0	277.3	234.0	196.8	1733.6
最小	82.6	135.4	109.6	73.0	33.6	23.9	1062.5

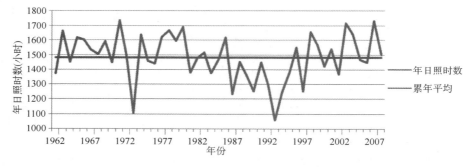

图 4-8-1　连南县历年日照时数图

2—4 月由于冷暖空气频繁交汇,连南县多阴雨天气,日照时数较少,月日照百分率均不足 20%,日照时数≤2 小时的日数约 19～23 天。一年中,以 7—11 月的日照百分率最大,平均达到 40% 以上,其余 1 月、5 月、6 月、12 月的日照百分率为 24%～38%,见表 4-8-2 和表 4-8-3。

表 4-8-2　连南县各月日照百分率表　　　　　　　　　　　　　　　　单位:%

	1 月	2 月	3 月	4 月	5 月	6 月	
平均	24.0	17.4	14.1	17.4	26.6	31.6	累年
最多	53.0	41.0	35.0	35.0	49.0	53.0	
最少	6.0	0.0	2.0	1.0	8.0	11.0	
	7 月	8 月	9 月	10 月	11 月	12 月	
平均	49.3	50.3	47.7	43.3	41.6	37.6	33.7
最多	68.0	71.0	68.0	78.0	71.0	60.0	39.0
最少	20.0	34.0	30.0	20.0	10.0	7.0	24.0

表 4-8-3　连南县各月日照时数≤2 小时的日数表　　　　单位:天

	1 月	2 月	3 月	4 月	5 月	6 月	累年
平均	19.0	19.7	22.9	19.5	15.0	11.1	
最多	28	28	30	29	24	22	
最少	6	9	14	9	7	3	
	7 月	8 月	9 月	10 月	11 月	12 月	159.2
平均	5.4	4.9	7.3	10.1	11.4	13.5	
最多	17	11	14	19	24	26	
最少	0	0	1	1	2	4	

第九节　历年气象要素之最

为方便查阅,现根据连南观测站从建站至 2008 年的观测数据,将连南县历年主要气象要素的极值,整理成表 4-9-1。

表 4-9-1　连南县各气象要素极值表

气象要素	数据	出现时间
最高年平均气温(℃)	20.6	2007 年
最低年平均气温(℃)	18.5	1984 年
最高月平均气温(℃)	30.5	2007 年 5 月
最低月平均气温(℃)	5.0	1977 年 1 月
极端日最高气温(℃)	40.6	2003 年 7 月 23 日
极端日最低气温(℃)	−4.8	1963 年 1 月 15 日
最多年高温(极端最高气温≥35℃)日数(天)	51	2007 年
最少年高温(极端最高气温≥35℃)日数(天)	11	1997 年
最多年度低温(日极端最低气温≤5℃)日数(天)	62	1983—1984 年度
最少年度低温(日极端最低气温≤5℃)日数(天)	11	1990—1991 年度
最长连续低温阴雨日数(天)	52	1970 年 2 月 3 日—3 月 26 日
最大年平均水汽压(百帕)	20.3	1998 年、2002 年
最小年平均水汽压(百帕)	18.4	1984 年
最大年平均相对湿度(%)	81.9	1973 年
最小年平均相对湿度(%)	72.5	2007 年
极端日最小相对湿度(%)	8	1976 年 1 月 12 日
最高年平均气压(百帕)	1001.9	1993 年、1995 年
最低年平均气压(百帕)	999.3	1988 年、1989 年
最高月平均气压(百帕)	1012.8	2007 年 1 月
最低月平均气压(百帕)	988.3	1972 年 7 月
极端日最高气压(百帕)	1025.4	1996 年 2 月 20 日
极端日最低气压(百帕)	976.0	2001 年 7 月 6 日
最大年平均风速(米/秒)	1.8	1974 年

续表

气象要素	数据	出现时间
最小年平均风速（米/秒）	0.4	1999 年
最大月平均风速（米/秒）	3.1	1974 年 10 月
最小月平均风速（米/秒）	0.2	2000 年 3 月
历年最多风向和频率（%）	静风（43.5%）	
历年次多风向和频率（%）	东北（12.7%）	
历年最少风向和频率（%）	西西北（0.6%）	
最多年大风（瞬时极大风速≥17.2 米/秒）日数	4	1965 年、1974 年、2003 年
最大十分钟平均风速（米/秒）	15.7	2000 年 9 月 5 日
瞬时极大风速（米/秒）	22.7	2004 年 8 月 11 日
最多年降水量（毫米）	2399.7	1975 年
最少年降水量（毫米）	972.3	1963 年
最多年暴雨日数（天）	10	1993 年
最长连续降水日数（天）	41	1973 年 4 月 28 日—6 月 7 日
最长连续无降水日数（天）	46	2004 年 9 月 20 日—2004 年 11 月 4 日、2007 年 11 月 3 日—2007 年 12 月 18 日
最长连续无透雨（冬春季日降水量≤20 毫米,春秋季日降水量≤40 毫米）日数	167	1979 年 9 月 9 日—1980 年 2 月 22 日
一日间最大降水量（毫米）	231.5	2002 年 7 月 1 日
最多年日照时数（小时）	1733.6	1971 年
最少年日照时数（小时）	1062.5	1993 年
最多月日照时数（小时）	283.7	2003 年 7 月
最少月日照时数（小时）	0.3	1990 年 2 月
最多年蒸发量（毫米）	1505.2	1974 年
最少年蒸发量（毫米）	992.8	2001 年
最多月蒸发量（毫米）	253.7	1990 年 8 月
最少月蒸发量（毫米）	26.7	1992 年 3 月

第三篇　气象灾害

气象灾害是指对人们的生命安全能构成威胁,对工农业生产、交通运输等具有破坏性的天气现象,一般包括天气、气候灾害和气象次生、衍生灾害。天气、气候灾害是指因热带气旋、暴雨(雪)、雷暴、冰雹、大风、沙尘、龙卷、大(浓)雾、高温、低温、连阴雨、冻雨、霜冻、结(积)冰、寒潮、干旱、干热风、热浪、洪涝、积涝等因素直接造成的灾害。气象次生、衍生灾害是指因气象因素引起的山体滑坡、泥石流、风暴潮、森林火灾、酸雨、空气污染等灾害。气象灾害是自然灾害中最为频繁而又严重的灾害。中国是世界上自然灾害发生十分频繁、灾害种类甚多、造成损失十分严重的少数国家之一,而且,随着经济的高速发展,自然灾害造成的损失亦呈上升发展趋势,直接影响着社会和经济的发展。

连南县地处广东省西北部的山区,属中亚热带季风气候,气候温和怡人,雨量充沛且雨热同季,但境内地形复杂,河谷交错,区域小气候复杂多变,多气象灾害发生,由于暴雨洪涝、干旱、雷电、大风、冰雹等灾害危及到人民生命和财产的安全,国民经济也受到极大的损失。连南县常见主要气象灾害有暴雨洪涝、干旱、雷电、大风、冰雹、低温霜(冰)冻、低温阴雨、寒露风等。

每年9月下旬起,冬季东北季风开始活跃,北方冷空气逐渐对连南县造成影响,直至次年3月下旬(部分年份要到4月上旬)才减弱。当强盛的冷空气到达连南县时,会使当地气温骤降,形成明显的低温冷害天气,如春季的低温阴雨,秋季的寒露风,冬季的寒潮、霜冻、冰雪、冻雨等。连南县每年2—3月都有1～3次低温阴雨过程出现,阴雨连绵,光照偏少,对春种春收作物带来影响。严重的低温阴雨不但损失种子,而且延误早稻生产季节,甚至拖延晚造生产进度,影响全年水稻产量。所谓"禾怕寒露风"是指9—10月寒露节气前后,冷空气造成的寒露风天气,对晚稻的抽穗扬花授粉有直接的影响,使水稻不结实或半结实而减产。如果冷空气特别强,南下影响连南县时,由于气团内部温度很低,致使24小时降温幅度达到10℃或以上,最低气温降至5℃或以下,形成寒潮过程,连南县出现低温、霜冻或冰冻灾害,这些冷空气过程并可能伴有降雪、冰粒等现象,对冬季作物、牲畜、水产养殖、山林、公路交通、电力输送等带来不利影响,造成严重损失。冬季风寒冷干燥,在冬季风活跃季节连南县天气干燥少雨,因此9月至次年3月也是干旱灾害常发期。4—5月上旬,冬季风逐渐消退,西南季风开始活跃,连南县处于冷暖空气交汇区域,锋面降水频繁,雨季开始。5月中下旬到6月,转入西南季风盛行季节,西南季风带来丰沛的水汽,容易产生区域性暴雨和局地性强降水。4—6月,为连南县的"前汛期",此期间连南县降水多,雨强强,因此是暴雨洪涝灾害发生的主要时段,雷雨大风、雷电、冰雹、龙卷风等强对流灾害也多在此期间发生。5月下旬至6月中旬,又称龙舟水时期,该时期常出现暴雨或连续性强降水,引发洪涝灾害或山体滑坡等地质灾害,从而造成严重的经济损失。7—9月,为连南县的"后汛期",此期间太平洋副热带高压控制南岭以南地区,降水主要由南支槽和热带低压等热带天气系统所引发,降水量逐步减少,9月以后,雨季结束。后汛期的7月仍是连南县的主要防汛阶段,暴雨洪涝、强对流天气灾害时有发生。8—9月,连南县主要受台风环流影响产生降水,由于强降水天气减少,形成的气象灾害相对较少。影响连南县的台风一般每年约1~2个,台风降水对连南县来说,是'九利'而'一害'的,它是连南县7—9月雨水的主要补给,但就其中的'一害'有时也甚为严重。如1991年9107号强台风,连南县受其影响出现雷雨大风天气,瞬时最大风速达25米/秒(10级),大风造成建筑物倒塌,早稻倒伏,农作物成灾,并造成27人受伤,全县损失55893万元;2001年04号台风"尤特"外围环流影响连南县,出现强降水,三江镇过程降水量131.1毫米,部分乡镇过程降水量达259.5毫米,暴雨降水致使连南县遭受洪涝灾害,全县全部受灾,受灾人口7500人,倒塌房屋27间,农作物受灾面积200公顷,公路塌方多处共2.2千米,堤防决口51处共2.7千米,冲毁水利设施38处,受损小水电站23座。

第五章　暴雨洪涝、干旱

暴雨洪涝和干旱灾害的出现,是由于特定地区在一定时间段出现降水量较常年特别偏多或偏少,造成水环境失衡,从而对人们生命安全、工农业生产和国民经济产生不良影响和损失。

第一节　暴雨洪涝

暴雨是降水强度很大的雨。中国气象上规定,24小时降水量为50毫米或以上的雨称为"暴雨"。依照中国气象局的划分标准,按其降水强度大小又分为三个等级,即24小时降水量为50～99.9毫米称"暴雨";100～249.9毫米为"大暴雨";250毫米及以上称"特大暴雨"。

暴雨是一种灾害性天气,往往造成洪涝灾害和严重的水土流失,导致工程失事、堤防溃决和农作物被淹等重大的经济损失,特别是对于一些地势低洼、地形闭塞的地区,雨水不能迅速宣泄造成农田积水和土壤水分过度饱和,会引发塌方、滑坡、泥石流等更多的次生灾害。

由于各地降水和地形特点不同,所以各地形成灾害的暴雨雨量标准也有所不同。连南县四围环山,各乡镇多呈山谷盆地地形,集雨面积大但河道较小,村落民居、农田多集中在河流两岸,当出现大范围暴雨、局地性大暴雨以上降水或连续3天以上出现大到暴雨强降水时,均可能导致部分河段水位上涨,河堤坍塌,冲毁沿岸农田、房屋,出现洪涝灾害,部分山区乡镇还有可能出现山洪、泥石流、塌方、山体滑坡等灾害。因暴雨造成的洪涝灾害是连南县气象灾害中最为常见且最为严重的一种。1962—2008年,日降水量≥50毫米的暴雨日数共有233天,年平均为5.0天,日降水量≥100毫米的大暴雨日数共有31日,年平均为0.7天。

一、暴雨的时间分布

连南县属于中亚热带季风气候,雨季与季风活动关系密切,暴雨日数高频区分布与雨季基本一致。连南县全年各月都有暴雨发生,一年中最早出现日期为1月4日(1983年),最晚出现日期为12月22日(2007年)。各月平均暴雨日数分布呈单峰型,最大值出现在5—6月,年平均日数均为1.0天;汛期3—10月的暴雨日数占年暴雨日数的94%,暴雨日数最集中区间为3—8月,占全年日数的78%,见图5-1-1。

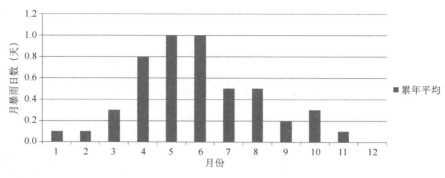

图 5-1-1　连南县各月平均暴雨日数图

二、暴雨的地域分布

暴雨受地理位置因素影响外,与地形也有密切关系。由于连南县属丘陵地带,县内多高山,地形复杂,暴雨日数区域分布受地形影响明显。总体上看,南部乡镇暴雨日数多于北部,中部多于东西两侧。年暴雨日数最多的是板洞,平均达到9.7天,其次是石径和涡水,均为7.3天,寨岗镇区和大龙最少,分别是4.3天和4.5天。

三、暴雨强度

暴雨强度指的是降雨的集中程度,一般以一次暴雨的降雨量、最大瞬间降雨强度、小时降雨量等表示,降水强度越大越容易导致洪涝灾害发生。用一日间最大降水量来反映连南县暴雨的强度,连南县气象站最大日雨量记录为231.5毫米(2002年7月1日)。

第二节　干　旱

干旱在气象学上有两种含义:一是气候干旱,另一个是气象干旱。气候干旱是指蒸发量比降水量大得多的一种气候。气候干旱与特定的地理环境和大气环流系统相联系。气象干旱是指某一地理范围在某一具体时段内的降水量比多年平均值显著偏少,导致该地区的经济活动(尤其是农业生产)和人类生活受到较大危害的现象。我们所说的干旱灾害一般是指气象干旱。连南县地处石灰岩地区,喀斯特地形突出,地表层透水性强,干燥少雨季节易受干旱灾害。干旱不但影响农作物生长,还可能致使山溪河流断流,造成人畜饮水供给困难,秋冬季节出现更会大大增大森林火险的发生几率。

一、划分标准

从气候研究和预测的角度出发,一般分析某段时期(月、季、年)内的降水量相对于常年平均值的多少来确定干旱等级。而农业上常采用两场透雨之间的连旱日数(无透雨时段)来评定旱情。某日或连续数日累计降雨量(日降雨量≥0.1毫米,且不包括纯雾、露、霜量)达到透雨标准,在两场透雨之间的间隔日数就是旱期。透雨在不同季节不同地区有不同的量级标准,广东省冬、春季由于气温较低、蒸发较小,透雨标准定为不小于20毫米;夏、秋季由于气温高、蒸发较大,透雨标准定为不小于40毫米。干旱程度等级根据旱期日数进行划分。

二、干旱类型

按干旱发生季节分为春旱、夏旱、秋旱、冬旱和季节连旱，如冬春连旱、秋冬连旱、秋冬春连旱等，见表 5-2-1。春旱指 2—5 月期间发生的干旱。春季降水主要产生于冷暖空气活动的交界附近，当冷暖气流出现异常时，降雨量减少，就会出现春旱。春季正是越冬作物返青、生长、发育和春播作物播种、出苗的季节，本来就是春雨贵如油，假如降水量比正常年份偏少，发生干旱，会造成春耕春播缺水，影响夏收或秋收作物生长和收成。夏旱指 6—7 月发生的干旱，三伏期间发生的干旱也称伏旱。夏季为秋冬作物播种和生长发育最旺盛的季节，气温高、蒸发大，干旱会影响秋作物生长以至减产，这期间正是雨季，长时间干旱少雨，水库、塘坝蓄不上水，将给冬春用水造成困难。秋旱指 8—10 月发生的干旱。秋季为秋作物成熟和越冬作物播种、出苗的季节，秋旱不仅会影响当年秋粮产量，还影响冬种作物生产。冬旱指 11 月至次年 1 月发生的干旱。冬季雨雪少将影响来年春季的农业生产。

表 5-2-1　干旱的旱期起止月份及等级划分表

干旱类型	开始月份	结束月份	各等级无透雨日数			
			无	轻	中	重
春旱	2—5	2—5	<25	25～34	35～49	≥50
冬春连旱	11—1					
秋冬春连旱	8—10					
夏秋冬春连旱	6—7					
夏旱	6—7	6—7	<30	30～39	40～49	≥50
春夏连旱	2—5					
冬春夏连旱	11—1					
秋冬春夏连旱	8—10					
秋旱	8—10	8—10	<30	30～39	40～49	≥50
夏秋连旱	6—7					
春夏秋连旱	2—5					
冬春夏秋连旱	11—1					
冬旱	11—1	11—1	<25	25～34	35～49	≥50
秋冬连旱	8—10					
夏秋冬连旱	6—7					
春夏秋冬连旱	2—5					

注：11—1 代表 11 月至次年 1 月。

三、分布规律

连南县一年四季都有干旱出现的可能，危害以秋旱为主，春旱次之。连南县秋冬降水少，因此最常见的是秋旱，轻度秋旱几乎每年均有出现，重度秋旱经常发生，甚至秋冬或秋冬春连旱也时有出现；3 月、4 月连南县处于冷暖空气活动交汇频繁纬度带，雨日雨量较多，因此春旱发生较少，但春旱一旦发生，对春播生产十分不利，因此灾情比较严重。

　　1962—2008 年,连南县共发生轻度以上气象干旱 122 次,平均每年可有 2～3 次阶段性轻度干旱天气出现;发生中度以上干旱共 77 次,平均每年有 1～2 次;发生重度以上干旱 48 次,平均每年约有 1 次。按结束日期所在时间分类,其中春旱发生 32 次,夏旱 6 次,秋旱 33 次,冬旱 51 次。

第六章　大风、雷电、冰雹

大风、雷电、冰雹等灾害的发生，主要是由强对流天气造成，其维持时间短、范围小，但破坏力较大，造成的灾害较为严重。连南县是强对流天气多发地区，大风、雷暴及冰雹等灾害常有出现。由于大风、冰雹属于小尺度天气，监测与统计比较困难，出现频次和强度的观测数据较实际值会明显偏小。

第一节　雷电灾害

雷电是伴有闪电和雷鸣的一种放电现象。雷电一般产生于对流发展旺盛的积雨云中，因此常伴有强烈的阵风和暴雨，有时还伴有冰雹和龙卷风。

连南县在全年各月均可能有雷电出现，但较多发生在3—9月。连南县平均年雷暴日数为59天，其中3—9月雷暴日数占全年日数的93%。人员遭受雷击容易出现伤亡，电器设备遭受雷击极易损坏，甚至引发森林火险或城镇火灾。因雷暴天气出现频次多，且雷电灾害还可通过供电、通讯线路进行大范围传播，因此它是历年造成人民生命财产损失最为严重的气象灾害之一。

第二节　大风

近地面层风力达8级（17.2米/秒）以上的风称为大风，它常能破坏建筑设施、树木和农作物，引起树木或建（构）筑物折断或倒塌，有时也会造成人员伤亡。

连南县出现大风天气，一般有3种天气系统造成。

1. 寒潮。寒潮大风出现于秋冬季寒潮冷锋之后，最大风速一般出现在冷锋过后三小时左右。

2. 雷暴大风。雷暴大风是从积雨云中急速下沉的冷空气到达地面时所引起的，排列成带状的雷暴带可造成飑线大风，雷暴大风发生时，经常伴有强雷雨，因此也常称为雷雨大风。

3. 台风环流造成的大风。受台风环流影响时，由于台风中心附近气压极低，与外围地区形成很高的气压梯度差，也可出现大风。

此外，地形的狭管效应可使风速增大，连南县部分乡镇受地形影响，大风出现频率会明显高于其他地区。

连南县平均年大风日数为1.1天，最多年大风日数为4天。大风主要集中出现在4—9月，占全年大风日数的80%，类型以雷暴大风为主。2004年，连南县地面气象观测站安装有瞬时风速记录仪器，记录时段较短，至2008年出现的大风极大风速为22.7米/秒（2004年）。

第三节　冰雹

冰雹是从强烈发展的积雨云降落下来的固体降水物,是坚硬的球形或圆锥形的冰块。冰雹块中心通常有白色不透明的霰块或透明的冻滴,称为雹核。冰雹直径在2~5毫米的称为小雹,直径>5毫米的称为冰雹。冰雹也叫"雹",俗称雹子,有的地区叫"冷子"。

连南县平均年冰雹日数为0.2天,主要出现在3—4月,占全年冰雹日数的80%,春夏之交是连南县冰雹常发期,一般出现的冰雹直径约5~30毫米,最大时可达100毫米,冰雹可损害农作物、毁坏房屋和伤害人畜。

第七章　低温寒害

低温冷害是由于受北方强冷空气南下影响,本地天气寒冷,阴雨寡照,从而造成农作物、果树和林木受损,类型主要包括有低温霜(冰)冻、低温阴雨、寒露风。

第一节　低温霜(冰)冻

低温天气是指在寒潮影响过程中(包括强冷空气)所伴有的最低气温≤5℃的天气。日最低气温≤5℃,统计为低温日。达到以下任一条件时,均统计为霜冻日。有霜出现、地面最低温度在0℃或以下。

连南县位于粤北,县域均在北回归线以北,是广东省最冷地区之一,冬季常受强冷空气影响,每年均有低温霜(或冰)冻天气出现。出现长时间低温或霜(冰)冻天气时,对蔬菜、水果等冬种作物造成冻死冻伤,形成灾害。连南县年平均低温日数为32.4天,平均霜日数为8.8天,平均结冰日数为3.9天,平均降雪日数为1.8天。低温日数主要集中在12月、1月、2月,占全年的91%,平均初日在12月3日,平均终日在3月1日,初终日间日数约90天。霜日数主要集中在12月和1月,占全年约82%,平均初霜日为12月16日,终霜日为1月31日,平均无霜期为320天。一年中,降雪天气主要出现在1—2月,最早降雪初日是1988年11月29日,最迟降雪终日是1984年3月1日。

第二节　低温阴雨

每年2月21日后,出现连续3天以上日平均气温≤12℃或连续7天以上日平均气温≤15℃且日照≤2小时,则称为低温阴雨。其中在3月21日以后出现的低温阴雨,则称为倒春寒,它较一般的低温阴雨天气对农业生产造成的不良影响更大。

低温阴雨是影响连南县农业生产活动的主要气候灾害之一。2—4月是春耕春种的关键期,在此期间出现连续的低温或连阴雨天气,不利于春种作物的生长,同时持续性或严重的低温冷害会造成耐寒性较差的经济作物、果树、养殖牲畜等死亡。低温阴雨根据维持日数进行强度等级划分,同时也参考过程中最低日平均温度,见表7-2-1。

表 7-2-1　低温阴雨、倒春寒的强度等级划分表

等级	划分标准
轻度	过程日平均气温≤12℃,持续时间3～5天。 若过程中出现日平均气温≤10℃,≥3天则上升为中度。
中度	过程日平均气温≤12℃,持续时间6～9天。 若过程中出现日平均气温≤8℃,≥3天则上升为重度。
重度	过程日平均气温≤12℃,持续时间≥10天。

2月到4月是季风进退的活跃季节,2月下旬起连南县日平均气温逐步上升到10℃以上,连南县春播农耕活动逐步开始,但由于冷空气南下频繁,常有静止锋停滞本地,造成连绵阴雨天气,气温也会持续较低,形成低温阴雨天气。连南县每年都有轻度或以上低温阴雨天气时段出现,其中中度低温阴雨有36次,重度低温阴雨有37次,倒春寒有22次。

第三节 寒露风

每年9月21日—10月20日,出现低温干燥大风(或阴雨)天气,日平均气温≤23℃并持续3天以上称为寒露风。连南县秋季多强冷空气南下,常会造成气温持续下降。寒露风主要对晚稻扬花灌浆造成影响,使晚稻稻谷的秕粒率增加而减产。

寒露风强度以持续天数的长短作为标准划分为轻、中、重3级,过程持续天数3~5天为轻度;过程持续天数6~9天为中度;过程持续天数≥10天为重度。即使达到寒露风指标,但如果北风小、光照充足,一般对晚稻开花结实危害不大,有时反而可以降低植株间过大的空气湿度,抑制病虫害发生。

1962—2008年,连南县出现寒露风过程共71次,其中轻度寒露风33次,中度寒露风15次,重度寒露风23次。除2006年没有寒露风出现外,其余各年均有1~2个寒露风时段出现,其中最长时段是1977年9月23日—10月20日,持续28天,过程中最低日平均气温达16.5℃。

第八章 高温、雾

第一节 高温

气象学上,气温在 35℃ 以上时可称为"高温",如果连续几天最高气温都超过 35℃ 时,即可称作"高温热浪"天气。高温天气对人体健康影响很大,容易产生中暑以及诱发心、脑血管疾病,甚至导致死亡。

连南县高温天气多出现在 6—9 月,由于此时太平洋副热带高压强盛,高压脊线北移至南岭以北,连南县处于高压脊内部,受高压脊内下沉气流影响,天气晴热干燥,因此容易出现高温酷热天气。连南县平均年高温天气日数为 26.5 天,最多年高温日数达 49 天(2007 年)。高温日数集中出现时段是 7—8 月,占全年总高温日数的 81%。高温天气平均初日为 6 月 15 日,平均终日为 9 月 10 日,初终间日数历时 87 天,最早初日在 5 月 1 日,最迟终日在 10 月 13 日。

第二节 雾

雾是由大量悬浮在近地面空气中的微小水滴或冰晶组成的气溶胶系统,是近地面层气温低于露点温度时,过饱和的水汽凝结(或凝华)成水滴(或冰晶)生成的产物。雾的存在会降低空气透明度,使能见度恶化,如果目标物的水平能见度降低到 1000 米以内,就称为雾;目标物的水平能见度在 1000～10000 米称为轻雾。形成雾时大气湿度应该是饱和的(如有大量凝结核存在时,相对湿度不一定达到 100%,相对于盐核就已经饱和)。就其物理本质而言,雾与云都是空气中水汽凝结(或凝华)的产物,所以雾升高离开地面就成为云,而云降低到地面或云移到高山时就称为雾。一般雾的厚度比较小,常见的辐射雾的厚度大约从几十米到一至两百米。雾和云一样,与晴空区之间有明显的边界,雾滴浓度分布不均匀。由于液态水或冰晶组成的雾散射的光与波长关系不大,因而雾看起来呈乳白色或青白色。

雾按成因可分辐射雾、平流雾和混合雾,其形成受地形的影响很大。辐射雾和平流雾为雾出现的两种主要形式。雾在各个季节都可出现,局地性较明显。连南县雾日的年际变化较大,平均年雾日数为 5.4 天,1999—2008 年平均达到 11 天,呈大幅上升趋势,最多年雾日有 25 天。连南县的雾常出现在 11 月至次年 4 月,11 月至次年 2 月多为辐射雾,3—4 月则以锋面平流雾为主。辐射雾是日落后地面辐射冷却导致近地潮湿空气冷凝而形成,因此多出现在早晨或傍晚。平流雾经常发生在冷暖空气交界的锋面附近,维持时间则长短不一。雾对人们影响主要体现在交通安全上,连南县属于山地地形,大部分交通道路均分布在海拔较高的山坡,因此受云雾影响更大,雾日出现较以上观测数据更多,在出现强浓雾时,最低能见度甚至降到 10 米以下,严重影响车辆行驶速度和安全系数。

第四篇　气象事业

第九章　组织沿革

第一节　台站沿革

1958年以前,连南瑶族自治县(以下简称连南县)没有气象事业机构。1958年8月,按照中共广东省委批转的《广东省气象局分党组关于全党全民办气象,实现全省气象化的报告》,要求"专专有台、县县有站、社社有哨、队队有组",广东省气象局派遣肖美卿同志筹建连南瑶族自治县气象服务站,在三江镇联红村车头坪(北纬24°43′,东经112°17′,海拔高度112.3米)建设16米×20米气象观测场,安装简单气象观测仪器试行观测。1958年12月,连南与连县、连山、阳山县合并为连阳各族自治县,连南气象服务站筹建工作因故被停止,已建成的气象观测站移交给三江公社筹办气象哨。1960年10月,阳山县从连阳各族自治县划出,连阳各族自治县改称为连州各族自治县,1961年10月,连州各族自治县撤销,恢复连南瑶族自治县建制,属韶关地区管辖,连南瑶族自治县气象服务站建设工作重新启动,1962年1月1日,正式成立广东省连南瑶族自治县气象服务站,并开展气象观测业务,气象观测站区站号为"59071",主要任务是进行每天3次的气候观测,观测项目有温度、湿度、降水量、风向、风速、地面温度及天气现象等要素。

1968年8月,连南瑶族自治县气象服务站改称连南瑶族自治县气象站革命领导小组;1969年4月,改称为连南瑶族自治县农业服务站;1970年12月,更名为广东省连南瑶族自治县气象站(简称连南县气象站)。1979年9月4日,县革命委员会印发《经研究决定县气象站为县副科级单位》(南革发〔1979〕075号),连南县气象站遂定为副科级单位。1981年5月,县政府印发《关于成立连南瑶族自治县气象局的通知》(南府发〔81〕068号),成立连南瑶族自治县气象局(简称连南县气象局),与气象站实行局站合一,地面观测业务上使用名称"连南瑶族自治县气象站",行政上使用名称"连南瑶族自治县气象局",合称连南瑶族自治县气象局(站)。1984年10月,连南瑶族自治县气象局机构升格为正科级。2002年5月,根据清远市气象局印发的《清远市国家气象系统机构改革实施方案》(清气人字〔2001

22 号),连南瑶族自治县气象局(站)进行机构改革,改称为连南瑶族自治县气象局(台),实行局台合一,机构规格仍为正科级。2006 年 8 月,根据清远市气象局印发的《清远市国家气象系统机构编制调整方案》(粤气〔2006〕216 号),连南县气象站在国家一般气象站的基础上,组建连南国家气象观测站二级站,仍称为连南瑶族自治县气象局(台),实行局台合一。2008 年,因原观测场探测环境被严重破坏,经广东省气象局批准搬迁,新址观测场位于三江镇五星村委直路顶张屋背,北纬 24°44′,东经 112°17′,海拔高度 174.4 米,于 2009 年 1 月 1 日起正式启用。根据广东省气象局印发的《关于广东省地面气象观测站业务运行有关工作的通知》(粤气函〔2008〕319 号),2009 年 1 月 1 日连南国家气象观测站二级站调整更名为连南国家一般气象站。

第二节　体制沿革

连南瑶族自治县气象服务站 1962 年建站时,受广东省气象局和连南县人民政府双重领导,以业务部门领导为主。1962 年 4 月 25 日,广东省气象局撤消连南瑶族自治县气象服务站观测业务,改由连南县人民政府收为县建制并交连南县农水局管理。1964 年 4 月 5 日,广东省气象局恢复连南瑶族自治县气象服务站观测业务,重新受广东省气象局和连南瑶族自治县革命委员会双重领导,以业务部门领导为主。1971 年 1 月,改归连南县武装部和县革命委员会双重领导,以县武装部领导为主。1973 年 9 月,归县革命委员会和广东省气象局双重领导,以地方领导为主。1981 年 2 月,全国实行机构改革,连南瑶族自治县气象站改由广东省气象局与地方政府双重领导,实行以省气象局业务部门领导为主的管理体制,这种管理体制一直延续至今,见表 9-2-1。

1989 年 1 月 1 日,成立清远市,连南县气象局由原韶关市气象局管理划归清远市气象局管理。连南瑶族自治县气象局主要领导人名录见表 9-2-2。

表 9-2-1　连南县气象机构及体制主要沿革

机构名称	时间	领导体制状况说明
广东省连南瑶族自治县气象服务站	1962 年 1 月—1962 年 4 月	广东省气象局和连南县人民政府双重领导,以业务部门领导为主
	1962 年 4 月—1964 年 4 月	连南县人民政府收为县建制并交连南县农水局管理
	1964 年 4 月—1968 年 8 月	广东省气象局和连南瑶族自治县革命委员会双重领导,以业务部门领导为主
广东省连南瑶族自治县气象站革命领导小组	1968 年 8 月—1969 年 4 月	更改名称
连南瑶族自治县农业服务站	1969 年 4 月—1970 年 12 月	更改名称
广东省连南瑶族自治县气象站	1970 年 12 月—1971 年 1 月	更改名称
	1971 年 1 月—1973 年 9 月	连南瑶族自治县武装部和县革命委员会双重领导,以县武装部领导为主
	1973 年 9 月—1981 年 2 月	县革委和广东省气象局双重领导,以地方领导为主(1979 年 9 月 4 日,南革发〔1979〕075 号定格为副科级单位)

机构名称	时间	领导体制状况说明
广东省连南瑶族自治县气象站	1981年2月—1981年5月	广东省气象局与地方政府双重领导，实行以省气象局业务部门领导为主
连南瑶族自治县气象局（站）	1981年5月—2002年5月	更改名称，局站合一。1984年10月升格为正科级单位
广东省连南瑶族自治县气象局（台）	2002年5月—2007年1月	更改名称
	2007年1月—2009年1月	连南瑶族自治县气象地面观测站改为连南国家气象站二级站
	2009年1月—	连南瑶族自治县气象地面观测站恢复为连南国家一般气象站

表 9-2-2　连南瑶族自治县气象局主要领导人名录

姓名	性别	出生年月	籍贯	学历	所任职务	任职时间
胡文良	男	1935年5月	广东连县	中专	负责人	1961年12月—1966年12月
梁宏	男		广东连县	中专	副站长	1966年12月—1979年10月
刘国望	女	1936年7月	广东大埔	初中	副站长	1979年10月—1981年8月
					副局长、副站长	1981年8月—1984年10月
					局长、站长	1984年10月—1989年4月
胡文良	男	1935年5月	广东连县	中专	副站长	1979年10月—1981年8月
					副局长、副站长	1984年10月—1989年4月
					局长、站长	1989年4月—1996年6月
梁正科	男	1956年10月	广东连南	大学本科	副局长、副站长	1993年9月—1996年12月
					局长、站长	1996年12月—2002年5月
					局长、台长	2002年5月—
胡东平	男	1972年5月	广东连州	大学本科	副局长	2006年9月—

第十章 机构设置

第一节 内设(直属)机构与职能

1981年4月以前,连南瑶族自治县气象站(以下简称连南县气象站)由于人员和业务量少,站内不分股(组)。1981年,连县气象站的国家农业气象基本观测站迁至连南县气象站,增加一级农气观测业务,人员增加,业务量和种类增多。1981年5月,连南瑶族自治县人民政府(以下简称连南县政府)发出《关于成立连南瑶族自治县气象局的通知》(南府发〔81〕068号),成立"连南瑶族自治县气象局",实行局站合一,两块牌子,一套班子,内设机构分为测报组、预报组、农气组。测报组负责站内地面气象观测业务,编发天气加密报(小天气图报)、重要天气报,制作月年地面气象观测报表和按广东省气象局指令进行热带气旋加密观测与发报;预报组负责本地补充天气预报制作和开展预报服务;农气组负责开展农业气象观测业务和报送农业气象年报表。1984年1月,内设机构名称变更为测报股、预报股、农气股,负责业务分别与原来的测报组、预报组、农气组相对应。根据广东省气象局印发的《关于农气工作任务调整的通知》,1990年1月起农气观测站回迁连县气象站,连南县气象站不再承担农气观测业务,1989年11月,连南县气象站撤消农气股,同时根据业务发展需要增设直属事业单位"连南瑶族自治县防雷设施检测所",负责开展气象防雷设施安装、检测等业务。1991年1月,按"三制一体"机构改革方案,将测报股、预报股人员的业务进行合并,两股业务人员共同负责测报业务和预报服务工作,1994年1月,撤消业务股、预报股,合并设立业务服务股。

2000年1月,连南县气象局机构设置根据职能进行重新调整,内设正股级机构2个:办公室和业务服务股;直属事业单位1个:连南瑶族自治县防雷设施检测所,主要职责分别如下:(1)办公室:处理和协调气象局及各股、所的日常行政事务,包括政工、党务、纪检监察、保密维稳、行政执法和监督、安全生产管理、文书档案管理等,并负责开展气象宣传、综合调研等相关工作。(2)业务服务股:负责地面气象观测业务、本地天气预报、警报、预警信号的制作和发布,并开展气象预报服务,担负人工影响天气、灾害性天气联防、气象灾害调查与评估,气候资源开发、利用和保护,气候可行性论证等工作,同时负责本局地面观测仪器、区域自动气象站、气象通信网络等设备的运行维护。(3)连南瑶族自治县防雷设施检测所:负责连南县防雷设施的安全管理,包括开展防雷设施定期检测、建筑物防雷设施工程设计审核,防雷工程施工监督和竣工验收、雷电灾害事故的调查、鉴定等工作。

第二节 内设（直属）机构负责人

连南县气象站（局）的内设机构及直属单位负责人的情况见表10-2-1。

表 10-2-1 内设机构及直属单位负责人情况表

姓名	性别	出生年月	籍贯	学历	职务	任职时间
李深强	男	1938 年 4 月	广东台山	中专	测报组负责人 预报组负责人 预报股股长	1981 年 1 月—1982 年 3 月 1982 年 3 月—1984 年 1 月 1984 年 1 月—1989 年 12 月
牙美星	女	1960 年 12 月	广西东兰	中专	预报组负责人	1981 年 1 月—1982 年 3 月
许新台	男	1937 年 2 月	广东花县	中专	农气组负责人 农气股股长	1981 年 5 月—1984 年 1 月 1984 年 1 月—1989 年 11 月
陈记国	男	1953 年 8 月	广东连南	中专	测报负责人 测报股股长 业务服务股股长 办公室主任	1982 年 3 月—1984 年 1 月 1984 年 1 月—1994 年 1 月 1994 年 1 月—2000 年 1 月 2000 年 1 月—2006 年 4 月
梁正科	男	1956 年 10 月	广东连南	大学本科	预报股副股长 预报股股长	1984 年 1 月—1989 年 12 月 1989 年 12 月—1994 年 1 月
李大毅	男	1936 年 9 月	重庆市	中专	防雷所所长	1991 年 1 月—1996 年 8 月
邵斌	男	1959 年 8 月	广东连南	中专	防雷所副所长 防雷所所长	1994 年 1 月—1998 年 1 月 1998 年 1 月—2003 年 12 月
胡东平	男	1972 年 5 月	广东连州	大学本科	业务服务股股长	2000 年 1 月—2004 年 6 月
莫荣耀	男	1975 年 12 月	广东连州	大学本科	业务股股长	2004 年 6 月—
龚仙玉	女	1979 年 12 月	广东连南	大专	防雷所所长 防雷所长兼办公室主任	2004 年 6 月—2006 年 11 月 2006 年 11 月—

第十一章　党、群组织

第一节　党、团组织

1986年5月前，连南县气象局只有2名中国共产党（以下简称中共）党员，一直未设党支部，党员参加县农委支部的组织生活。1986年6月，陈记国被批准为正式党员，同年李深强被批准为预备党员。1987年，根据连南县直属机关党委印发《关于成立连南瑶族自治县气象局党支部的批复》（南直委〔87〕批字第90号），成立中共连南瑶族自治县气象局党支部（以下简称连南县气象局党支部），支部共有党员4人，胡文良任党支部书记。1996年4月，胡文良退休，免去支部书记职务，根据县"农委〔1996〕02号"文件，连南县气象局党支部重新纳入县农委党支部。1998年7月，梁正科被批准成为正式党员，同年7月恢复连南县气象局党支部，支部有正式党员5人，梁正科担任党支部书记，其中退休党员干部2人（1人为流动党员）。2002年6月，胡东平被批准为正式党员；2003年12月，龚仙玉被批准为正式党员，连南县气象局党支部共有党员6人，其中1人为流动党员。2007年6月经支部党员选举，补选龚仙玉为连南县气象局党支部委员，梁正科任党支部书记，胡东平任纪检委员，龚仙玉任组织委员。2008年末，连南县气象局党支部共有正式党员7人，其中退休党员干部2人（1人为流动党员，在所住地支部参加组织生活）。

连南县气象局自成立至今未设中国共产主义青年团（简称共青团）团支部，2008年末，共有3名共青团团员，全体团员参加县机关团支部的组织生活。

第二节　气象学会

气象学会属于学术性群众团体，主要进行气象学术交流活动，是党和政府联系气象科学技术工作者的桥梁和纽带，是国家推动气象科学技术事业发展的重要力量。连南瑶族自治县气象学会（以下简称连南县气象学会）成立于1980年5月，是年有会员20人，其中有公社干部和具有看天经验的老农12人，见表11-2-1。在1980年5月至1983年11月第一届理事会期间，连南县气象学会的学术交流主要利用县科协渠道来进行，学会会员除连南县气象站干部职工外，还有公社干部、气象老农等，具有横向性、群众性学会特点。1983年12月成立第二届理事会后，学会活动以科普与学术交流为主，偏重于气象知识的传播和普及，如组织科普报告会、气象科普图片展览会、报刊发稿和电视、电台报告等。

连南县气象学会成立以来，积极组织气象科普活动，表彰科普积极作分子，有效地推动连南县气象科普工作。1983年始，每年结合世界气象日的主题开展纪念活动，组织报告会、纪念会，设置展览橱窗、街头气象科技咨询等，对广大群众进行科普宣传，使气象科技知识得到广泛推广。

1981—1984 年,连南县气象学会连续 4 年被评为连南县先进学会组织,1982 年和 1985 年分别被评为清远市先进学会组织,1983 年被广东省气象局评为省气象系统先进学会。

此外,连南县气象工作者加入市级以上学会会员名单见表 11-2-2。

表 11-2-1　连南县气象学会历届情况一览表

届次	时间	会员人数	理事人数	理事长
一	1980 年 5 月	20	2	刘国望
二	1983 年 12 月	18	2	刘国望
三	1985 年 12 月	16	2	梁正科
四	1993 年 12 月	16	2	梁正科
五	1998 年 12 月	11	1	梁正科

表 11-2-2　连南县气象工作者加入市级以上学会会员名单

姓名	学会团体	加入时间
梁正科	中国气象学会、广东省气象学会会员、清远市气象学会理事、连南瑶族自治县科学协会理事	1981 年 8 月
陈记国	中国气象学会、广东省气象学会、清远市气象学会会员	1980 年 5 月
胡东平	清远市气象学会会员	1994 年 12 月
莫荣耀	清远市气象学会会员	1997 年 7 月
龚仙玉	清远市气象学会会员	2000 年 8 月
陈水云	清远市气象学会会员	2005 年 7 月

第十二章　气象业务

第一节　地面气象观测

地面气象观测是气象局的基础业务。2008 年,连南县气象站属于进入自动站单轨业务运行的国家一般气象站,担负每天 08 时、14 时、20 时 3 次定时观测和编发天气加密报,08 时编发广东省补充报,不定时编发重要天气报和按广东省气象局指令进行热带气旋加密观测与发报等任务。观测值班要求夜间(20 时至次日 08 时)不守班,20 时观测所有人工器测项目,制作上报自动站地面气象记录年月报表。

连南县气象站地面观测项目与任务根据国家、省、市气象业务统筹管理需要,建站至今几经变革。连南县气象站地面观测业务始于 1962 年 1 月 1 日。始建时的观测项目有云量、云状、能见度、天气现象、风向、风速、气温、湿度、降水量、蒸发量、日照等。观测值班要求全天守班。1966 年 4 月始,增加气压观测。1973 年 7 月始,增加 0 厘米地面温度观测。1987 年 1 月,增加 5～20 厘米浅层地温观测,因业务调整,浅层地温观测于 1991 年 1 月 1 日被取消。根据广东省气象局业务调整,连南县气象站观测业务自 1991 年 1 月 1 日始由建站时"夜间不守班"改为"全天不守班",2001 年 6 月 1 日后恢复为白天守班,夜间不守班。

2005 年 6 月,连南县气象站通过对观测场的规范化改造,完成 DZZ－Ⅱ型遥测自动气象站的安装,自动观测项目比人工观测项目增加 5～20 厘米浅层地温、40～320 厘米深层地温和草温的观测。完成遥测自动气象站安装后,连南县气象站地面观测业务在 2006 年 1 月 1 日进入自动站平行业务运行第一年,定时观测、发报、报表以人工观测为主,但需制作上报自动站地面气象记录年月报表。2007 年 1 月 1 日,连南县气象站地面观测业务进入自动站平行业务运行第二年,定时观测、发报、报表以自动站为主,仍需制作上报人工站地面气象记录年月报表。2008 年 1 月 1 日进入自动站单轨运行,仅在 20 时进行人工器测项目观测,不再制作上报人工站报表。

建站后,在很长的一段时期内连南县气象站的观测、查算、编报、发报都是以人工方式进行,地面气象记录年月报表需要人工手抄制作。1986 年 1 月,广东省气象台站全部配备 PC-1500 袖珍计算机,连南县气象站地面测报业务使用 JBT(SX)-1 测报程序编报取代人工查算编报,测报质量和工作效率有了很大提高。1992 年始,连南县气象站地面气象记录年月报表由原来手工抄制作改为上报观测记录数据盘,由广东省气象局通过计算机进行制作打印。1996 年 1 月,连南气象站配备一台"386"计算机用于地面测报业务,使用 JBT1.0 测报程序进行观测查算编报。此后,地面测报应用的软硬件不断升级,台站业务装备不断完善,地面观测业务现代化水平也不断地得到提高。1999 年始,连南县气象站地面观测年月报表的制作改由本站使用计算机制作打印上报。2000 年,连南县气象站安装 X.25 分组数据交换网,地面气象报表通过网络上报省气象局审核,无需再报送纸质报表。2005年,完成遥测自动站安装,2006年1月进入业务运行,地面测报的定时观测、发报、制作报表都可在半自动的状态下完成,连南县气象站的地面观测业务逐渐走向自动化。

第二节　气象通信

连南县气象局在建站初期,地面观测报文主要是通过电信部门以电报形式传输,气象报表使用人工抄录邮递方式进行传送,天气预报数据资料通过收音机的手抄报文接收。1984年,配备气象传真接收机和高频无线对讲机,可以接收到各种天气实况和分析图表,并可与区域内邻近气象台站进行对讲会商,气象灾害联防和互动大大加强。1998年5月,由连南县政府拨款建设连南防灾减灾分系统,可使用拨号网络与清远市气象局连网,形成连南县气象局最早的计算机广域网络系统。1999年9月,连南气象卫星单向数据广播接收系统(PCVSAT单收站)投入业务运行,台站气象预报资料的种类、数量、质量得到丰富和提高。2000年,外网通讯连接媒介由拨号网络改为X.25分组数据交换网,与省、市气象业务系统实现无间断连接,随着局内办公、业务计算机设备的增加,局域网逐渐成形。2004年,建立局务公开内部网站,并使用NOTES办公软件进行公文传递收发,业务办公逐渐趋于"无纸化"。2005年1月,外网通讯切换到SDH光纤2M宽带通信,加大通讯带宽和速率。2006年,建成市、县视频会商系统,可实现市、县视频会商交流和收看国家、省市的视频会议或会商,连南县气象局的气象通信水平得到一次长足的发展。

第三节　气象资料

连南县气象局历来注意气象资料档案的管理和保护。1962年建站以来,气象观测资料和档案都得到妥善保管。1980年11月至1981年3月,连南县气象局进行"基本资料、基本预报工具、基本档案、基本图表"四个基本业务建档,充实气象科技档案资料的内容,也促进档案管理工作的发展。1991年4月,广东省气象局、清远市气象局、连南县档案局多位领导陪同4名省级、3名市级评审员到连南县气象局进行机关档案综合管理升级评审,评审总分74.8分,达到机关档案综合管理省二级标准,通过评审。同年4月22日,连南县委和县政府印发《关于表彰档案管理工作升级单位决定》(南委发〔1991〕32号),表彰连南县气象局档案管理升级。2003年12月,广东省档案局组织评审组对连南县气象局的档案管理进行全面的考核评审,评审总分达到国家二级科技事业档案管理标准,成为国家二级科技事业档案管理单位。

第四节　农业气象

连南县气象站建站时没有农业气象观测业务。1981年1月,连县气象站的农业气象基本点迁至连南县气象站,正式开展农业气象观测,承担报送农业气象年报表任务。1984年5月始,增加拍发农业气象旬(月)报任务。根据省气象局《关于农气工作任务调整的通知》,1990年,农业气象基本点回迁至连县气象局,1990年1月1日始,连南县气象站不再承担农气观测业务。

第五节　中尺度灾害性天气监测网

根据气象灾害监测的需要,1972年,连南县除当时的三江公社外,在金坑、三排、南岗、涡水、大坪、香坪、盘石、白芒、九寨、寨南、寨岗等11个公社(1983年冬改为区)先后建立气象哨,并开展观测和天气补充预报服务工作,成为连南县最初的中尺度灾害性天气监测网。

1986年11月后,连南县先后撤区建乡镇,重新划分成3个镇、9个乡,气象哨站点分布也作相应调整,撤消大部分气象哨,在部分林场增设气象哨,至1986年底,全县剩下南岗、大坪、寨岗、小龙林场、板洞林场、南岗等6个气象哨,其职能改为只开展温度、湿度和雨量观测,不再作天气补充预报服务。由于气象哨站点设备简陋,人员专业素质较低,其观测采集的数据可用度不高,于2001年全部被取消。

2003年5月,在板洞、大坪、南岗建成3个区域自动气象站,可以进行温度、风向风速、降水自动观测,通过电话拨号与气象局服务器进行数据通讯。2007年11月,建成大龙山采育场、石径、涡水镇政府3个区域自动气象站。2008年11月,建成三排镇、大麦山镇、香坪镇3个区域自动气象站。至2008年末,连南县共有区域自动气象站点9个,使用GPRS网络进行无线通讯,每5分钟进行一次数据采集,气象局可以随时了解全县各乡镇的实时天气情况,在应对气象灾害天气过程中起到重要作用。

第六节　天气分析及预报

连南县气象局成立初期,因气象资料缺乏,只能使用单站要素点聚图和根据气象广播绘制简易天气图来制作未来1～2天的补充天气预报,并结合群众经验和历史统计数据制作重要农事季节的天气预报,如春播育秧天气预报、汛期雨情趋势预报、秋旱和寒露风预报等,并将预报手工蜡刻印发至相关部门和公社(乡、镇)、大队(村)。

1966年始,根据中央气象局制定的"大中小结合,以小为主;长中短结合,以短为主;图资群结合,以群为主"的业务方针,连南县气象站逐步形成以图、资、群结合,强调群众经验进行预报制作的预报模式。气象站预报人员深入农村进行气候调查,学习群众的看天经验,搜集有关天气谚语;在单位里饲养乌龟、泥鳅等,观测和记录其在不同天气变化时的不同反映,关注树木新发嫩芽、蛇出洞、蚂蚁搬家等物候现象,利用物候现象与天气演变的相关性进行经验预报。

随着预报技术发展,1971年始实行"专群结合、土洋结合"的办法,以单站气象要素为基础,制作面化图、曲线图、点聚图,通过模式指标法、数理统计法等方法制作预报工具进行预报。在此期间,上级业务主管部门十分重视配套预报工具的建立,韶关市气象局强调应建立县站当家的分类分型模式预报工具,1975—1977年分批组织基层预报技术骨干到广西南宁市气象局和崇左县气象站取经学习,引导和推动本地区预报技术攻关。学习后,连南县气象站抽出人员,分别在韶关市气象局、连县气象站、阳山县气象站参加天气预报业务攻关大会战,积极探讨单站预报方法。通过多年的努力,连南县气象站建立以单站资料为主的多种预报图表和模式预报工具。1985年,连南站"二月低温霜冻预报、2月21日—3月6日低温阴雨预报"预报工具获得韶关市气象台站预报单项奖。

随着预报业务专业化发展,连南县气象站1984年始配备气象传真接收机、高频对讲机等设备,可以接收500百帕、850百帕、地面天气图等专业气象图表和预报资料,并建立邻近区域台站的预报会商机制,每天进行市、县间天气会商,及时了解上游地区及周边地区的天气状况,连南县气象站的短期天气预报和灾害性天气预报水平有很大程度提高。

20世纪90年代到21世纪初期,连南县气象局的天气预报业务逐步走向现代化。1998年,连南防灾减灾分系统建设完成,1999年9月,连南气象卫星单向数据广播接收系统(PCVSAT单收站)投入业务运行,使用气象信息综合分析处理系统(MICAPS1.0)作为处理显示终端软件。2003年5月,建成板洞、大坪、南岗3个区域自动气象站,数据采集使用电话拨号通讯,每小时采集一次,同年完成MICAPS2.0业务平台升级。2006年4月,3个区域自动气象站数据采集改为GPRS无线通讯,每5分钟采集一次数据。2007年11月,建成大龙山采育场、寨岗石径、涡水镇政府3个区域自动气象站。2008年11月,完成三排镇、大麦山镇、香坪镇3个气象区域自动气象站建设。丰富、快速的数据传输渠道使基层台站获得大量、实时、准确的气象资料,中央、省、市气象局(台)的指导预报,国内外数值预报产品、雷达拼图、卫星云图等资料的广泛应用,大大地提高天气预测、预报、预警能力,一般天气和灾害性天气预报准确率有显著提高,气象预报业务逐步向无缝隙、精细化方向发展。

第十三章　气象服务

第一节　公众气象服务与决策气象服务

1964年始,连南县气象局开展天气预报业务,同年4月始,通过县广播电台发布短期天气预报和灾害天气预警信息,并按月发布短期气候预测产品。短时天气预报内容主要包括:天空状况、温度、湿度、风、火险等级等常规要素值,一般每天在17时发布最新预报信息,由广播电台安排全天滚动播出。灾害天气预警信息则根据需要随时制作和播出。2000年11月1日始,按《广东省台风、暴雨、寒冷预警信号发布规定》发布连南县本地气象灾害预警信号。2001年,连南县气象局与县电视台协商,由电视台制作电视天气预报节目并播放。2003年初,建立完成121天气短信平台,3月1日始,连南县气象局向广东省气象局上传每日天气预报信息,连南县手机用户可订制到本地发布的天气预报和实时预警信号信息;是年10月,由清远市气象局统一组建121电话语音自动答询系统并运行,人们可通过拨打"121"信息电话获取最新的预报信息。2005年,建成天气预报影视制作平台,连南县天气预报电视节目由气象局自主制作,县电视台负责安排播出。2005年1月1日始,电话语音自动答询系统电话号码升位调整为"12121"。2006年,建立完成"决策气象服务短信平台",该平台用于向特定用户群发气象服务短信,决策气象服务产品的发布更加灵活方便,更有时效性。

农业、林业、水电生产是连南县主要经济支柱产业,这些产业与气象息息相关。连南县气象局在20世纪70年代就开始根据地方需要发布中长期天气预报,春播期低温阴雨、寒露风等预报产品,为农林部门挑选种苗、安排生产、产量预报等提供科学依据。

第二节　专项气象服务

1. 农业气象服务

连南县气象局从20世纪70年代始进行农情气象服务,每月月末根据气象资料对下月天气气候、农业气象灾害进行分析与预测或按农情农时适时制作发布农情气象预报信息产品,指导县农业生产。同时结合气象科研项目开发,着重选取与地方农业生产相适应的课题进行研究,以形成科研与生产相互促进的良性循环。

1983—1985年,连南县气象局派出2名科技人员到寨南板洞乡进行农业气象承包工作。在分析农业气候区划成果的基础上,结合板洞乡的气候情况和水稻生产的各项农业气象指标,合理调整播、插、花、熟四期,抓住各个生产环节,落实各项农业气象技术措施和水稻栽培技术。经3年努力,帮助水稻试验田户主获得丰收。

1990 年,开展石灰岩地区"稻—豆—肥"耕作制试验;1991 年,参加泰国绿豆性状及栽培管理试验;1992 年,研究《科学地进行热量人工补偿,提高亩产产量,实现吨谷镇》课题,获得广东省农业技术推广奖二等奖;1992—1995 年进行沙田柚蜜蜂授粉技术试验工作;1993 年,研究《蚕桑生产的气候条件》,获得广东省农业技术推广奖二等奖,同年进行《农业气候区划成果在发展山区蚕桑水果上的应用推广》课题研究,获得广东省农业技术推广奖;1997 年,进行《无花果不利气候条件及其防御措施》研究,促进县无花果种植效益的提高。

2. 人工增雨

2000 年前,人工增雨主要使用"五七"高炮进行作业,次数不多,分别有 1979 年 8 月 1—4 日,连南县气象站派员参加县人工降雨抗旱战地气象保障观测工作,经"五七"高炮人工增雨,全县先后下两次中到大雨,雨量 50~70 毫米,使严重旱情得到解除。1980 年 7 月 6 日和 12 日,经"五七"高炮人工增雨作业,全县普降中至大雨,使受旱的 6667 公顷旱地作物、533 公顷水稻及时解除旱情。

2000 年后,开始使用人工增雨火箭进行作业。2004 年 5 月,连南县气象局有 3 人通过培训获得人工增雨作业资格证,但因地方经济困难,配套资金不足,无法组建本县人工增雨作业组,在必须开展人工增雨作业时,要由清远市气象局协调安排邻近市县的人工增雨作业组到连南县开展作业,因此作业次数不多,分别在 2007 年、2009 年进行了 2 次作业。

3. 大气环境影响评价

大气环境影响评价是从预防大气污染、保证大气环境质量的目的出发,通过调查、预测等手段,分析、评价拟议的开发行动或建设项目在施工期或建成后的生产期所排放的主要大气污染物对大气环境质量可能带来的影响程度和范围,提出避免、消除或减少负面影响的对策,为建设项目的场址选择、污染源设置、大气污染预防措施的制定及其他有关工程设计提供科学依据或指导性意见。2004 年 12 月,连南县气象局派出业务人员协助广东省气象局气候中心为连南县煤矸发电厂项目做环境影响评价。

第三节　重大气象服务事例

1. "7·19"十级雷雨大风气象服务

1991 年 7 月 19 日,9107 号强台风在汕头市附近登陆,受其影响,连南县出现强对流天气,17 时 34 分,强对流天气开始影响三江镇及附近地区,瞬间风速由 3 米/秒(2 级)加大到 14 米/秒(7 级);17 时 40 分,强降水开始,雷声大作,风速增加到 17 米/秒以上(大于 8 级),瞬间最大风速达 25 米/秒(10 级)。10 级雷雨大风所经之处直径 33 厘米的大树被拦腰折断,直径 55 厘米的乌桕树被连根拔起,韶南机械厂和生资公司的仓库被摧毁,输电(通讯)电杆被刮断。大面积早稻倒伏,农作物成灾 457 公顷,损失粮食 13505 担,毁坏房屋 2908 间,27 人受伤。历时 11 分钟的 10 级雷雨大风给连南县造成 55893 万元的巨大损失。连南县气象局对此次大风的气象服务过程情况如下:

19 日上午,连南县气象局根据中央气象台和广东省气象台关于 9107 号台风警报信息,综合卫星云图跟踪观测及本站各要素分析后认定,9107 号强台风在汕头附近登陆前后对连南县将有严重的影响。于 10 时左右以书面形式向县农委、三防办、县政府办、三江镇、寨岗镇发出"关于 9107 号强台风的紧急报告"。县政府办公室,县农委根据连南县气象局的紧急报告于下午 2 时 30 分向各乡镇发出抗风防洪的紧急通知,各乡镇接通知后马上用广播向广大群众通报县农委、县政府办的指示,有些乡镇干部直接到管区通知。自"紧急报告"发出后连南县气象局使用电话通知有关单位和领导,将预报信息发布面扩大。

此次风灾属百年罕见,连南县气象局对此次灾害性天气预报较为准确,为县领导防灾抗灾工作提供气象保障和决策依据。灾害发生前县领导根据气象局的预报信息果断决策,并采取严密的防范措施,力争将灾害损失减到最低,不过终因不可抗拒的原因,损失仍较为严重。但各级领导和广大群众对气象部门发布的灾害性天气预报情报的信度有进一步的提高,同时连南县的防灾抗灾应急措施和能力也受到考验,大众防灾抗灾意识得到普遍增强,取得显著的社会效益。

2. 板洞水库工程堵洞气象服务

1994 年 3—4 月,连南县最大的水利工程板洞水库经过历时 6 年的修建,进入最后关键——水库导流洞的堵洞工程,该工程需在天气较好、无明显降水的情况下才能进行,如堵洞期间出现较大降水,不仅堵洞失败,甚至造成堵洞崩塌,故水库导流洞的堵洞期间的天气变化情况是工程成败的关键所在。为做好气象服务,确保工程顺利进行,连南县气象局在 3 月初集合全体业务骨干,翻查历年同期资料,并多次与省、市气象台会商,根据当年前期气候特征综合分析后作出"3—4 月份雨情专题分析预报",专题预报产品中指出:①3 月 15日前后几天,以阴天有小雨为主,48 小时降水量不超过 40 毫米。②主要降水(大雨或以上)出现在 3 月下旬。③从 4 月初开始,连南县进入前汛期,降水逐渐增大。该预报意见与实况吻合,3 月 14—18 日 5 天降水总量为 13.6 毫米,其中日最大降水量为 17 日的 8.3 毫米;下旬降水 95.5 毫米,占月总降水量的 54%,其中日最大降水量为 31 日的 33.4 毫米。

3 月 9 日,连南县气象局领导参加有省、市水利部门领导及县委、县政府主要领导参加的板洞水库导流洞堵洞工程会议。会上,连南县气象局领导分析近期的天气变化情况及堵洞期间的天气趋势,并将"3—4 月份雨情专题分析预报"分发给会上每位领导。会议最后根据堵洞工程的进展准备和连南县气象局的天气趋势分析意见,最后决定在 3 月 15 日启动堵洞工程。从 3 月 13 日起,连南县气象局集中力量,认真分析当前天气形势,每天向板洞水库工程指挥部及有关领导预报未来 2～3 天的天气及雨情。15 日还派出工程师到工地进行现场气象服务,直接将天气预报意见告诉工地总指挥。15 日、16 日还将预报意见以书面形式直接送到副县长房卫党(副总指挥)手中,以供工程指挥部决策参考。

板洞水库工程建设历时 6 年,总库容量 3600 万立方米,总投资 6000 多万元,是连南县最大的水利工程。在工程的最后关键时刻,连南县气象局为水库堵洞工程提供准确、及时的天气预报服务,使堵洞工程一次成功,当年即可产生经济效益上千万元。如果错过时机,堵洞不成功,上千万元效益将失之交臂,而且第二年再进行堵洞还会在人工、材料上增加200 多万元的投入。板洞水库工程指挥部及县有关领导对此次气象服务给予很高的评价,充分肯定连南县气象局的服务工作。

3."6·13"特大暴雨气象服务

1994 年 6 月 8 日,9403 号热带风暴在湛江徐闻县登陆后向偏北方向移动,并减弱形成低压槽。9 日连南县受其影响出现中雨、局部暴雨的降水过程,至 17 日止,连南县连续 9 天均出现大到暴雨、局部特大暴雨,三江过程总雨量为 364.7 毫米,而寨岗则高达 944.0 毫米,南岗和板洞总雨量均超过 600.0 毫米,其中 13—14 日寨岗、南岗出现连续 2 天的特大暴雨,2 天总雨量寨岗就高达 535.5 毫米,南岗也有 322.5 毫米,其降水量之大,范围之大,持续时间之长,均属历史罕见,百年不遇。因大暴雨的袭击,先后出现四次洪峰,第一次是 13 日凌晨 4 时寨岗街道上水 3.5 米。第二次是 14 日凌晨 3 时,白芒河水再次猛涨,寨岗街再次上水 1.3 米。第三次是 15 日 7 时,寨南河水暴涨,河堤冲决,乡政府前面一片汪洋。第四次是 16 日,北部的涡水、大龙、盘石三条河水再次暴涨,三江、涡水、盘石、金坑四个乡镇大片农田被淹,到处崩山滑坡。据统计,全县因灾死亡 43 人,失踪 21 人,重伤 231 人,倒塌房屋 1072 间,4310 多人无家可归,工农业、交通、通讯、水电基础设施均遭受严重破坏,直接经济损失 4.5 亿元。

在这次罕见的特大暴雨预报和服务中,连南县气象局自始至终做好预报和服务工作,做好县领导的气象参谋,为抗灾抢险争取主动权。6 月 8 日,根据 9403 号热带风暴移动方位,结合本站相关资料,发布三天内有暴雨降水过程。6 月 11 日上午,召开全局工作人员紧急动员会议,再次强调汛期预报和服务有关规定及制度,南部乡镇已开始降大到暴雨,务必警惕,坚守岗位,各司其责,认真对待。下午,副局长梁正科和业务股长陈记国跟随板洞水库副总指挥、县委副书记、常务副县长房卫党到板洞水库实地进行勘查,现场服务,并在水库现场召开紧急会议,由梁正科作天气预报及降水情况的专题汇报,强调虽然已降 2 天的暴雨,但未来 2 天仍有暴雨出现,房副总指挥根据预报趋势,对水库的工作人员安排布防工作。12 日上午,当班预报员陈记国在会商中接到韶关雷达回波情况,发现三连一带回波较强,夜间将有大到暴雨出现,随后向副局长梁正科汇报。经会商分析后,马上汇报县三防办赖主任及有关领导,强调南部乡镇降水会较为明显。16 时 30 分再次发布暴雨消息,电话通知县三防办、县政府办、杨延强副县长及各乡镇。

13 日早上 5 时左右,连南县气象局局长胡文良根据降水情况,立即召集业务人员进行具体分工,安排各项工作,他指出目前寨岗河洪峰出现,处于紧急状态,要求业务人员要将各气象哨雨量收集好,将资料分析好,便于提供县领导指挥决策,随时通报降水情况,并请示和汇报市局领导。上午 9 时,县气象局副局长梁正科组织书面材料,由杨延强副县长向清远市三防总指挥杨瑞先副市长进行专题汇报。其内容有三点:(1)清远市所属各市县江河水位(由清远市气象局提供);(2)各县包括上游韶关各县降水量(也由清远市气象局提供)及连南县各个气象哨的雨量;(3)对未来天气预报,接清远市市台和省台意见:17 日前仍有暴雨在三连一带维持。

14 日,当班预报员李大毅召集大家反复分析,本站仍发布有暴雨天气并通告有关主要领导和重灾乡镇和有关部门。14 日,在全县抗洪救灾紧急动员大会上,杨延强副县长肯定气象部门工作,他说:"提前预报、及时报告我们,为三防等领导抗洪决策,做得很好"。14 日上午,气象局副局长梁正科、业务股长陈记国和农委丘书记、广播电视台记者一起奔赴灾区第一线,进行实地勘查灾情,拍摄灾情实况照片。

16 日,连南县气象局以专题书面材料形式向抗灾指挥部和县主要领导汇报,内容如下:目前天气形势再度进行调整,广西暴雨云团将经过三连地区,近期降水仍较强,请有关部门密切注意。17 日、18 日分别发出书面材料,解除暴雨预警,提出要抓住近两天好天气,加强灾后防病治病、水稻等作物善后工作的意见,提供县抗灾指挥和领导决策。

　　17 日晚,县政府召开有省副秘书长、市领导参加的灾情汇报会,指派副局长梁正科对气象情报、预报工作及全县降水量分布情况一一作汇报。邵县长说:"气象部门同志辛苦了,这次你们立功了"。几位副县长异口同声地说,"气象部门资料是可靠的,有权威性,及时有效"。随后,县委办、县三防、县民政局、县政府办等部门的负责人和杨副县长等,要求组织好气象资料,及时提供,并做总结。

　　清远市副市长杨瑞先在连南县委抗灾紧急会上和连山及市三防会议上说:"连南这次大水灾,如果不是气象局提前报出,寨岗镇将会死更多人"。

　　4. 台风"尤特"预报及气象服务效益

　　2001 年 7 月 6 日 7 时 50 分,200104 号台风"尤特"在海丰与惠东交界的沿海地区登陆。连南县从 7 月 6 日起开始受台风外围环流影响出现强降水,至 8 日止,三江镇过程降水量 131.1 毫米,降水集中在台风登陆后的 6 日 08 时至 7 日 08 时,时段雨量为 70.4 毫米,并伴有 5~6 级大风。板洞水库过程雨量 190.5 毫米,砂木塘水库 254.5 毫米,牛塘水库 259.5 毫米。暴雨降水致使连南县遭受严重的损失,全县受灾乡镇 6 个,受灾人口 7500 人,倒塌房屋27 间,农作物受灾面积 200 公顷,其中粮食作物 180 公顷,成灾面积 67 公顷,绝收 10 公顷;公路塌方多处共 2.2 千米,其中有一条公路中断交通;堤防决口 51 处共 2.7 千米,冲毁水利设施38 处,受损小水电站 23 座,直接经济损失 146 万元。灾情最严重的是涡水镇,该镇农作物受灾面积 60 公顷,公路被山洪冲毁 40 多米,崩塌水利水渠、陂头 30 多宗约 400 多米,冲走河面铁索桥一座,涡水河全线小水电站因水浸停止生产,造成该镇直接经济损失 57 万元。

　　7 月 3 日起,连南县气象局就开始关注台风"尤特"的移动演变,所有预报人员放弃休息,通过卫星云图以及有关传真图资料密切追踪台风动向,局领导组织与指导台风的会商、预报及服务的全部过程。4 日,台风"尤特"进入南海,16 时县气象局通过会商,认定台风将于 5—6 日在汕头—阳江登陆,将影响整个广东,连南县也将出现暴雨及雷雨大风天气,气象局以书面形式向县政府、三防办汇报,并通过电话通知、传真、广播、电视等多种形式向各乡镇及群众广泛发布台风消息,并针对此次台风范围大、强度强、移速快的特点提出防御意见。从 5 日起,每隔 2~3 小时,向三防办、县政府报告台风的最新动向,16 时,再次由局领导挂帅进行会商,认定台风将于 6 日凌晨在深圳附近登陆,登陆后向偏西北方向移动,连南县将受其直接影响,48 小时内连南将出现暴雨、局部大暴雨的降水过程,并伴有 6~8 级左右的大风。连南县气象局立即将预报结论以多种渠道再次对外发出暴雨消息。

　　在省、市气象台的指导下,连南县气象局对台风"尤特"的登陆时间、地点、登陆后的移向及对本县的影响,均准确无误地预报出来,为县有关领导及各乡镇防台抗风提供大量的气象信息和决策依据。县政府、三防办在接到连南县气象局的预报后,立刻组织力量,调动各级乡镇干部加强防御措施。由于连南县气象局的服务及时、主动,并提前 48 小时发出警报,为县及各乡镇在防台抗灾准备工作提供充分的时间,极大减少受灾损失,得到县政府、服务单位及广大群众的一致好评。

　　5."7·1"特大暴雨预报及服务效益

　　2002 年 7 月 1 日,连南县出现历史上罕见的特大暴雨,三江镇气象站测得日降水量231.5 毫米,比历史上最大日降水的 1973 年 8 月 13 日 185.0 毫米还多 51.5 毫米,至 2 日20 时止,48 小时总降水量 357.4 毫米,其中降水相对集中在三个时段:1 日早上 5 时至 11

时 132.8 毫米、15 至 22 时 113.2 毫米、2 日 4 时至 10 时 95.2 毫米,致使山洪暴发,河水暴涨,使连南县西北部、北部地区的大坪镇、香坪镇、涡水镇、金坑镇、盘石镇、三江镇等发生特大洪涝灾害,造成山洪、泥石流暴发,山体滑坡、崩塌,使连南县大量的农田、水利设施、工业交通等遭到十分严重的破坏,造成全县直接经济损失 5760 万元。

6 月 30 日,接市气象台电话通知,并根据省气象台指导预报,未来将出现恶劣天气,局领导立刻组织力量,收集有关资料,密切注意天气变化,经过分析和会商,认定"受低槽影响,预计未来 36 小时内连南县将有一次暴雨降水过程"的预报结论,通过电话、传真、书面等方式向县长、县政府办、三防办及有关乡镇的领导发出暴雨消息,并在广播、电视上播出。7 月 1 日 08 时,降水已达 41.2 毫米。9 时,直接挂出红色暴雨预警信号,27 分钟后,改挂黑色暴雨预警信号,同时将目前降水量及降水形势分析以专题形式发布,指出暴雨天气仍将持续,并提醒的关部门密切注意山洪和泥石流、山体滑坡、洪涝的发生。至 14 时止,总降水量已达 142.4 毫米,达到特大暴雨程度,部分乡镇已出现严重灾情,三江河堤已迅速暴涨,为使县领导及政府办、三防办等有关领导及时掌握最新雨情及天气动向,在 15 时再次整理有关资料进行汇报,并指出强降水继续维持,防洪抗灾形势十分严峻。16 时,经过会商,以传真、电话、广播电视等方式向有关部门、领导及社会发出紧急消息:"今晚到明天,连南县强降水继续维持,请有关单位和群众继续做好防洪抗灾工作",同时安排人员 24 小时值班,做好雨情和天气变化形势的服务工作。2 日 08 时,总降水量达 309.1 毫米。由于出现较严重的灾情,且强降水仍在维持,7 时 52 分再次升挂黑色暴雨预警信号,同时发出紧急通知,提出天气形势仍较不稳定,连南县上游地区仍是大到暴雨,由于连续降水,泥石流、山体滑坡很容易发生,江河暴涨,部分溢出,内涝成灾,河堤危在旦夕,降水仍未结束,雨带仍在连南县上空,防洪抗灾形势十分严峻。

这次特大暴雨过程,连南县气象局全体干部职工团结一致,主动放弃休息,坚守岗位,接听电话咨询,整理资料,多次向县委、县政府汇报天气形势和雨情分析。期间共发出预警信号 6 次,重要信息 6 份,为连南县的抗洪抗灾提供准确的天气预报。县领导也非常重视,县长房卫党、县委书记苏启科多次打电话询问,并指出气象部门要与政府密切联系,加强值班,随时汇报天气变化情况。主管副县长房介二、人大主任杨延强、政协副主席陈水金等领导先后深入到本局了解本次特大暴雨的成因及持续时间,梁正科局长亲自对他们进行详细的分析和汇报。1 日下午,三江河堤出现险情,梁正科局长立刻赶到现场进行服务,并在现场接受县电视台的专题采访,向全县广大干部群众全面汇报本次特大暴雨的成因、范围、降水量级及强降水仍将继续维持,同时指出由于上游连续降水,三江河的最大洪峰仍未出现,预计将于 2 日上午到达,提出抗洪抢险形势仍然十分严峻。准确的预报和及时的现场服务,为有关部门准备迎接 2 日上午的特大洪峰提供重要决策依据。

这次特大暴雨的准确预报、及时服务,为县委、县政府抢险抗灾提供决策依据和气象保障,使连南县的灾情减少到最低的程度,在 7 月 5 日召开的救灾复产工作会议上,县长充分肯定连南县气象局在这次特大暴雨预报、服务工作的准确和及时,充分体现气象预报、服务在抗洪救灾、复产自救中的重要性。这次预报的成功,反映业务人员的敬业精神和现代化设备的作用,大量的卫星资料为连南县气象局不断做出准确的跟踪预报提供大量的气象信息,使连南县气象局在这次抗洪救灾过程中起到关键性作用。

第十四章　防雷减灾

雷电是一部分带电的云层内部、云层与云层之间、云层与大地之间的放电现象。

雷电灾害是目前中国十大自然灾害之一,连南县平均年雷暴日数为 59 天,最多的年份为 87 天(1975 年),最少也有 39 天(2008 年)。雷暴给人们生活带来极大的安全隐患,近年来,中国社会经济逐步发展,信息技术特别是计算机网络技术发展迅速,城市高层建筑日益增多,雷电危害造成的损失也越来越大。

防雷减灾成为国家保护人民生命财产的重要内容,受到各级政府的高度重视。1999年 10 月 31 日,第九届全国人大常委会通过的《中华人民共和国气象法》中明确提出:各级气象主管机构应当加强对雷电灾害防御工作的组织管理,并会同有关部门指导对可能遭受雷击的建筑物、构筑物和其他设施安装的雷电灾害防护装置的检测工作。这是气象部门开展雷电防护工作的重要依据和法律保障。

第一节　机构设置与职能

1989 年 11 月,连南县政府编制委员会印发"〔1989〕52 号"文件,成立连南瑶族自治县防雷设施检测所(以下简称连南县防雷设施检测所),开展县辖范围内建筑物的防雷设施安装检测工作,防雷设施检测所具有独立法人资格。1994 年 4 月,县防雷设施检测所通过广东省技术监督局计量认证批准(证书编号:〔94〕量认粤字 L0539 号),具备新旧建(构)筑物防雷设施、易燃易爆场所防雷设施、石油化工防雷设施及电子、电气系统防雷设施四个项目的检测资格。1999 年 3 月,通过广东省技术监督局的计量认证复查,2007 年通过计量认证转版复审(证书编号:2007190353L),可以独立承担防雷设施第三方公正检测,具备对外行文和开展业务的资格。

2003 年 6 月 30 日,县编制委员会印发《关于同意县防雷设施检测所核定事业编制的批复》(南机编〔2003〕12 号),连南县防雷设施检测所核定事业编制 5 名,机构规格为正股级,经费自筹,隶属连南县气象局领导和管理。至 2008 年 12 月,县防雷设施检测所共有人员 5人,其中工程师 1 人、助理工程师 3 人、技术员 1 人,独立财务核算,具备检测所需的固定及可移动的设备,包括摇表、4102 接地电阻测试仪、测高仪、4102A 接地电阻测试仪、钢卷尺、游标卡尺、数字万用表、多功能土壤电阻率测试仪、压敏电阻直流参数测试仪、GIS 数据采集器、雷评数码相机、电涌保护器安全巡检仪,建立并制定严密的管理体系文件和严格的规章制度,贯彻"预防为主、防治结合"的方针,认真做到科学、公正、准确、权威、廉洁。

连南县防雷设施检测所的职能是:在广东省防雷减灾办、清远市防雷设施检测所和连南瑶族自治县安全生产委员会的指导下,负责组织管理连南县雷电灾害防御,指导对可能遭受雷击的建筑物、构筑物和其它设施安装雷电灾害防御装置的检测工作;负责县防雷企业的资质管理与防雷执法检查,防雷技术人员培训和防雷减灾法律、法规的宣传教育;负责县防雷设施的定期检测和检测档案的管理;承担县行政范围内建筑物的防雷设施工程的审图报建和竣工验收;承担县范围内发生的雷电灾害事故的调查、鉴定及调查统计上报工作。

第二节 防雷综合管理

连南县防雷设施检测所成立后,根据广东省物价局 1989 年 12 月 25 日《关于避雷设施检测收费问题的批复》(粤价费字〔1989〕383 号),规定执行防雷检测服务性收费。2003 年 4 月 26 日,广东省物价局出台《关于防雷设施检测等服务收费项目和收费标准的复函》(粤价函〔2003〕175 号),重新规范并试用防雷设施检测服务的收费项目和收费标准。2004 年 7 月 23 日,根据省物价局《关于核定防雷设施检测等服务收费项目和收费标准的复函》(粤价函〔2004〕409 号),正式启用新的防雷设施检测服务收费项目和收费标准。

1996 年 2 月 16 日,县人民政府印发《关于进一步严格防雷设施安全管理的通知》(南府〔1996〕13 号),要求各单位要把防雷设施安全工作列入安全生产的主要日程,安装的防雷设施必须接受县防雷所的管理和检测,任何单位和个人不得以任何理由拒绝检测和监督管理,同时县内新建工程项目必须到防雷所办理防雷设施报装手续,将建筑物防雷设施列入质检项目。

1997 年 1 月 18 日,广东省第八届人大常务委员会第十六次会议通过《广东省气象管理规定》,其中第十三条明确规定:防雷工作由气象主管部门管理,对防雷设施进行定期检测。1997 年 8 月 26 日,县人民政府印发《转发〈清远市建筑物防雷设施管理若干规定〉的通知》(南府办〔1997〕37 号),向各乡镇人民政府及县属各单位转发《清远市建筑物防雷设施管理若干规定》,该规定适用于清远市行政区域内新建、扩建、改建的建筑物及原有建筑物的防雷设施管理。按此文件规定:各类建筑物应安装防直击雷和防雷电波侵入的设施。防雷设施由当地气象主管机构定期检测,并提供具有公证效力的检测数据。新建、扩建、改建的工程项目,其防雷设施设计图纸应由建设行政主管部门会同当地县级以上气象主管机构进行审批,防雷施工工程竣工后,由建设行政主管部门会同当地县级以上气象主管机构进行验收。新建建(构)筑物的防雷设施由县级以上气象主管机构的防雷设施检测所或具有相应资质的单位设计、安装。单位和个人不得拒绝防雷设施安全检测。县气象局按照省、市、县的文件规定,严格防雷设施安全管理。

1999 年 3 月 8 日,清远市气象局与清远市教育局联合发文《关于做好防雷安全检查工作的通知》(清气字〔1999〕5 号),根据通知精神,连南县防雷设施检测所与县教育局联合行动,对连南县中小学校防雷设施进行一次全面的检查工作,排除一批存在雷击隐患的建筑物。1999 年 4 月 21 日,县人民政府印发《转发〈广东省防御雷电灾害管理规定〉的通知》(南府〔1999〕21 号),向各镇人民政府及直属各单位转发《广东省防御雷雷电灾害管理规定》,文件明确规定:县级以上气象行政主管部门负责本行政区域内的防雷减灾工作,并负责《广东省防御雷雷电灾害管理规定》的贯彻实施。

2002 年 3 月,根据清远市经贸局印发的《转发省经贸委〈关于对全省成品油零售企业(加油站)年审的通知〉》(清经贸资源〔2002〕29 号),连南县防雷设施检测所对全县范围内的加油站防雷设施进行全面检测,主要检测项目包括建筑物防直击雷装置、防感应雷装置及静电接地,共检测加油站 15 个,燃料气供应企业 2 家,弹药库 2 家,易燃易爆场所定检覆盖率 100％。

2004 年《行政许可法》实施后,连南县气象局严格按照国务院行政审批制度改革工作领导小组办公室同意的气象部门 10 项行政审批项目进行行政审批。为进一步提高行政审批工作的透明化、公开化,连南县气象局在局务公开网及公开栏上对行政审批程序进行公开,并采取不同方式加强对外宣传气象部门行政审批程序,不断完善行政审批制度,简化审批手续,做到"便民利民"。2005 年 9 月,连南县气象局作为首批连南县行政服务窗口成员单位进驻县政府行政服务中心,2006 年调整为行政服务中心常驻窗口,通过与建设部门的协调合作,将城区建设工程防雷装置的图纸审核、施工监督、竣工验收工作纳入建设工程基本管理程序,全县新建建筑物的防雷设计审核、竣工验收率达到 100％。

为确保连南县人民生命财产安全,连南县气象局每年定时或不定时组织防雷专项检查,重点检查范围为易燃易爆场所(加油站、液气站、炸药仓库等)以及人员集中的学校、住宅楼。2003—2008 年,共开展专项检查 12 次,查处事故隐患和管理漏洞 27 宗。

2005 年 9 月,按照清远市气象局、安监局、旅游局联合印发的《关于开展我市旅游景区(点)防雷安全专项检查的通知》(清气联〔2005〕86 号),连南县气象局联合县旅游局、安监局对连南县旅游景区(点)进行防雷专项检查,先后到三排瑶寨景区、南岗瑶寨、盘古王文化园等旅游景区进行防雷设施专项安全检查,并对三个旅游景区所存在的防雷隐患发文通报,跟踪整改。通过防雷专项检查,促使部分旅游景区(点)补充完善防雷安全制度,并在显眼地方树立警示牌,提醒游客在雷雨天气情况下勿在树下避雷雨。同时完善旅游景区(点)内的防雷设施,确保游客的人身安全。

2006 年 7 月,连南县气象局按照清远市气象局、清远市建设局和清远市安全生产监督局联合发出的《关于开展新建、在建工程防雷安全专项检查的通知》(清气〔2006〕55 号)要求,会同县国土和建设环保局、县安全生产监督局联合印发《关于开展新建、在建建筑物防雷安全专项检查的通知》(南气〔2006〕09 号),对连南县新建、在建、改建建筑物进行防雷专项检查,纠正不规范、不安全隐患 5 宗。规范行政许可工作,加强施工单位在工程建设中执行安全设施建设的"三同时"制度,避免新建、在建、改建建筑物防雷设施存在先天不足,留下雷击隐患。9 月,再次联合县旅游局对旅游景区(点)防雷安全进行专项检查。经检查,盘古王文化园已按 7 月份检查中提出的整改要求进行整改,符合规范要求;三排瑶寨与南岗千年瑶寨均已在显眼地方树立防雷警示标志,但停车场、古建筑物群等处仍存在部分防雷隐患,要求其再进行整改。

2007 年 4 月 15 日,按照清远市气象局印发的《关于开展旅游景区(点)防雷安全检查的通知》(清气〔2007〕33 号)要求,连南县气象局与县旅游局组成县旅游景区(点)防雷安全检查小组,对连南县所有旅游景区(点)开展防雷安全专项检查工作。经检查,盘古王文化园防雷安全设施符合要求;三排瑶寨与南岗千年瑶寨仍存在部分雷击隐患,需进行整改;寨南温泉建筑物的防雷设施以及设计施工相关手续不健全,责令进行整改。

2007 年 5 月 14 日,根据清远市气象局《关于印发〈清远市防雷安全专项大检查实施方案〉的通知》(清气〔2007〕38 号)及县安委会《关于印发〈连南瑶族自治县安全生产大检查实施方案〉的通知》(南安委〔2007〕5 号)精神,县气象局与多个部门成立防雷安全专项检查小组,对全县开展防雷安全专项大检查,检查重点放在易燃易爆场所及人群密集场所。在检查中发现,连南县所有的易燃易爆场所在气象局的监管下,严格落实各项防雷安全建设规定,进行年度检测,检测率达到100%,确保各类易燃易爆场所的防雷安全。部分人群密集场所或单位,如寨南温泉、裕民房地产公司、连南恒通房地产公司以及回龙工业园内燊昌(连南)塑胶金属有限公司等,新建建筑物均未进行防雷设施审核就进行施工,未能在工程建设中执行安全设施建设的"三同时"制度,留下各种雷击事故隐患。防雷专项检查小组对违法企业当场出具整改通知书,责令限时整改。

2007年7月,根据省气象局印发的《关于开展教育系统防雷安全工作普查的通知》(粤气〔2007〕201号)和《关于进一步加强中小学校气象灾害防御工作的通知》(粤气〔2007〕202号)及清远市气象局、教育局印发的《转发中国气象局、教育部和省气象局、省教育厅加强学校防雷安全、开展防雷工作普查、进一步加强中小学校气象灾害防御工作的通知》文件要求,连南县气象局与县教育局联合组成调查小组,对连南县中小学校的防雷安全工作做一次全面普查。普查中发现,各中小学校重视防雷安全工作,通过墙报、校会和教学过程中对学生进行防雷知识教育。但是由于教育部门资金紧缺,全县大部分学校的教学楼、办公楼、学生宿舍、教师宿舍等建筑物没有配备相关的防雷设施。调查小组在调查过程中向各中小学校发放防雷知识防御图片、影像及其他气象灾害防御资料3000多份。调查小组普查结束后,撰写调研报告上报上级教育部门及县人民政府。

2002年12月31日,连南县防雷设施检测所被评为清远市防雷系统防雷减灾工作先进集体。

第三节 防雷安全检测

自1990年4月连南县防雷设施检测所成立以来,严格执行《建筑物防雷设计规范》(GB50057-1994)、《石油与石油设施雷电安全规范》(GB15599-1995)和省防雷减灾办制定的检测工作规定,坚持"安全第一、质量第一、信誉第一"的原则,以服务为宗旨,贯彻落实"预防为主、防治结合"的方针,开展对全县范围内建筑物防雷设施(装置)的工程设施施工质量的检测工作,检测覆盖范围、检测宗数与检测率逐年提高。

1990年,对县内部分较大企业和人员密集场所的建筑物防雷设施进行安全性能检测。共检测厂房、宿舍等防雷设施40多座。

1991年,进行防雷设施安全检测,全年检测数量为40宗。

1992年,进行防雷设施安全检测,全年检测数量33宗。

1993—1995年,共检测防雷设施47个,其中石油公司、寨岗镇旺新祥加油站、煤气公司等易燃易爆场所,人民法院、人民医院、民族小学等建筑物防雷装置均进行防雷安全检测。

1996年,落实县政府印发的《关于进一步严格防雷设施安全管理的通知》(南府〔1996〕13号)文件精神,对全县所有的防雷设施进行全面检测。

1997年,重点对埔南加油站、煤气公司,石油公司油库等生产、贮存、销售易燃易爆物质场所的防雷设施进行定期检测;对毛织厂、连发木材制版厂、开源果品厂、汽车站、三江职业中学、民族小学等厂矿企业及人员密集场所进行防雷安全检查。

1998年,进行防雷安全检查34宗。重点检测单位有:县政府大楼、县石油公司、县电信局、利发毛织厂、县水泥厂,美莲华礼服有限公司等。

1999年,贯彻广东省人民政府颁发的《广东省防御雷电灾害管理规定》,完善防雷设施设计审核和分段检测验收工作,全年共检测防雷建筑物25座。

2000年,全年完成防雷装置检测35个,检测防雷装置95套,对不符合防雷规范的防雷工程如县公路局、公安局、寨岗煤气站、寨岗兴罗加油站提出整改意见,已全部整改。防雷工程审核验收33宗。

2001年,对油库、加油站、燃气库、煤气站、弹药库等重点单位实行每半年检测一次,增加安装电源避雷器。全年防雷检测44宗,其中易燃易爆10宗,民用建筑5宗,通信7宗,防雷工程安装9宗,新建建筑物防雷图纸设计审核28宗。

2002年,加强对定期检测的管理。全县成品油、加油站、燃料供应站、弹药库领取合格证,一年两次检测的执行率达100%。全年检测55宗250个检测点,其中有计算机网络室8个,防雷工作走上正规化,防雷工程16宗。

2003年,年度防雷检测共58宗,其中易燃易爆建筑物14座,气站2座,炸药库2间,枪械子弹库2间,火工生产储存所33间。全年办理防雷工程审核验收30宗,审核修改设计10宗。

2004年,全县易燃易爆场所的检测覆盖率达100%,一般民用建筑物检测覆盖率达80%,年度检测共24宗,其中检测加油站14座,液化气站2座,弹药库26座。

2005年,重点对中国石油化工股份有限公司广东清远连南石油分公司下属11个油站和个体加油站,明华厂军火生产线23个生产车间,公安系统四级网站,金融、财政系统计算机网络,教育系统多媒体电教设备的防雷进行专项检测,共检测24宗。

2006年,防雷定期检测新增防雷检测单位5个,易燃易爆场所检测率达100%。与国土建设和环保局、安监局联合对新建建筑物进行防雷专项检测,其中需整改单位5个;联合旅游局对连南县旅游景点进行防雷专项检测。年度检测共20宗。

2007年,重点对县石油公司下属5个加油站和个体加油站、明华厂27个车间、各种通讯网络进行专项检测。年度检测共20宗。

2008年,年度检测共28宗,全县易燃易爆场所检测率达100%。

附一:建筑物防雷设计规范 GB50057—1994
(节录建筑物的防雷分类部分)

建筑物根据其重要性、使用性质、发生雷电事故的可能性和后果,按防雷要求分为三类。

遇下列情况之一时,应划为第一类防雷建筑物:

一、凡制造、使用或贮存炸药、火药、起爆药、火工品等大量爆炸物质的建筑物,因电火花而引起爆炸,会造成巨大破坏和人身伤亡者。

二、具有0区或10区爆炸危险环境的建筑物。

三、具有1区爆炸危险环境的建筑物,因电火花而引起爆炸,会造成巨大破坏和人身伤亡者。

遇下列情况之一时,应划为第二类防雷建筑物:

一、国家级重点文物保护的建筑物。

二、国家级的会堂、办公建筑物、大型展览和博览建筑物、大型火车站、国宾馆、国家级档案馆、大型城市的重要给水水泵房等特别重要的建筑物。

三、国家级计算中心、国际通讯枢纽等对国民经济有重要意义且装有大量电子设备的建筑物。

四、制造、使用或贮存爆炸物质的建筑物,且电火花不易引起爆炸或不致造成巨大破坏和人身伤亡者。

五、具有 1 区爆炸危险环境的建筑物,且电火花不易引起爆炸或不致造成巨大破坏和人身伤亡者。

六、具有 2 区或 11 区爆炸危险环境的建筑物。

七、工业企业内有爆炸危险的露天钢质封闭气罐。

八、预计雷击次数大于 0.06 次/年的部、省级办公建筑物及其他重要或人员密集的公共建筑物。

九、预计雷击次数大于 0.3 次/年的住宅、办公楼等一般性民用建筑物。

遇下列情况之一时,应划为第三类防雷建筑物:

一、省级重点文物保护的建筑物及省级档案馆。

二、预计雷击次数大于或等于 0.012 次/年,且小于或等于 0.06 次/年的部、省级办公建筑物及其他重要或人员密集的公共建筑物。

三、预计雷击次数大于或等于 0.06 次/年,且小于或等于 0.3 次/年的住宅、办公楼等一般性民用建筑物。

四、预计雷击次数大于或等于 0.06 次/年的一般性工业建筑物。

五、根据雷击后对工业生产的影响及产生的后果,并结合当地气象、地形、地质及周围环境等因素,确定需要防雷的 21 区、22 区、23 区火灾危险环境。

六、在平均雷暴日大于 15 天/年的地区,高度在 15 米及以上的烟囱、水塔等孤立的高耸建筑物;在平均雷暴日小于或等于 15 天/年的地区,高度在 20 米及以上的烟囱、水塔等孤立的高耸建筑物。

附二:雷电灾害防御法律法规

一、《广东省气象管理规定》由广东省第八届人民代表大会常务委员会第二十六次会议于 1997 年 1 月 18 日通过,自 1997 年 3 月 23 日起施行。

二、《广东省防御雷电灾害管理规定》(粤府[1999]21 号)。

三、《中国人民共和国气象法》由全国人民代表大会常务委员会第十二次会议于 1999 年 10 月 31 日通过,自 2000 年 1 月 1 日起施行。

四、《国务院对确需保留的行政审批项目设定行政许可的决定》(国务院令第 412 号)。

五、《防雷减灾管理办法》(中国气象局令第 8 号)。

六、《防雷工程施工资质管理办法》(中国气象局令第 10 号)。

七、《防雷装置设计审核和竣工验收规定》(中国气象局令第 11 号)。

八、《气象灾害防御条例》(国务院令第 570 号)。

第十五章 气象社会管理

1962 年连南县气象站建立。1981 年 5 月,县政府核准成立连南瑶族自治县气象局,与气象站实行局站合一,成为县政府的工作部门,赋予基层气象部门更多的社会管理职能。随着气象事业标准化和法制化建设的不断深入,特别是 1999 年 10 月,《中华人民共和国气象法》通过审议并颁布以后,连南气象局围绕本地气象事业发展与业务管理需要,通过县政府发文等形式,不断加强地方气象法规建设,推动国家气象法规的贯彻落实。20 世纪 50 年代到 80 年代,连南县地方气象法规建设主要集中在气象探测环境保护方面,90 年代加强防雷设施管理法规,2000 年 1 月 1 日《气象法》实施以后,所出台的法律法规除探测环境保护方面内容外,更多侧重于防灾减灾与应急管理。

第一节 气象探测环境保护

1979 年 8 月 1 日,县革命委员会印发《关于保证县气象站观测场地符合标准的通知》(南革发〔1979〕065 号),通知要求,为保证县气象站的气象场地符合标准,凡是要在县气象站附近建设工厂、房屋等工程或绿化造林的,其位置与气象观测场的距离应为建筑物(或造林木)高度的十倍。这是连南县印发的首个进行气象探测环境保护的文件,对早期的气象探测环境保护起到一定作用。

1986 年 1 月 18 日,县人民政府印发"南府〔1986〕11 号"文件,转发广东省人民政府《关于气象台站观测环境保护暂行规定》(省府〔1983〕288 号),要求各有关部门对干部群众做好宣传教育工作,共同保护好县气象站的观测场地,对违反《关于气象台站观测环境保护暂行规定》的,应及早采取措施,加以制止纠正。连南县气象探测环境保护得到进一步加强。

2007 年 3 月,县气象局向县市政建设规划局发送《关于要求保护连南气象探测环境的函》,并提交《气象探测环境和设施保护办法》、《各类气象站观测场围栏与周围障碍物边缘之间距离的保护标准》(节选自中国气象局《各类气象探测环境的技术规定(试行)》)、《转发关于加强气象探测环境保护的通知》(粤气〔2004〕401 号)、《连南瑶族自治县气象局探测环境保护控制图(旧站址)》、《连南瑶族自治县气象局探测环境保护控制图(新站址)》等观测环境保护文件,在规划部门进行备案,连南县气象探测环境保护进一步制度化和规范化。

2008 年 8 月 13 日,县人民政府印发《关于连南县气象探测环境保护的意见》(南府办〔2008〕65 号),文件要求各部门在气象观测站周边进行建设或项目规划审核时,必须根据气象探测环境、设备保护标准和控制图进行规划、设计和施工,避免对气象探测环境造成破坏;气象部门和规划建设部门要严格执行气象探测环境和设备保护制度,全力查处违反气象探测环境和设备保护制度的行政行为,坚决杜绝违法审批行为发生。

第二节　预警信息发布管理

2006年6月21日,县人民政府印发"南府办〔2006〕48号"文件,向各镇人民政府及有关单位转发《广东省突发气象灾害预警信号发布规定》,该规定根据广东省气候特点以及各类气象灾害的实际致灾程度,对气象灾害预警信号的种类、名称、图标、颜色、等级划分等进行规范。

2007年10月,县人民政府印发《关于加快连南瑶族自治县气象事业发展的实施意见》(南府〔2007〕28号),明确提出要建设"综合气象观测系统工程、气象信息共享工程、气象预报预测工程、公共气象服务工程、气象灾害应急工程、气候资源开发工程、人工增雨工程及气象科技创新工程",提高天气实况监测、气象资料处理、天气气候预测、气象服务、气象应急反应、气象资源利用、抗旱减灾及气象自主创新等八大能力,同时要求地方政府要加强组织领导,制订气象事业发展规划,加大对气象事业发展的投入力度和气象宣传工作力度,加快发展地方气象事业。实施意见的出台,为连南县气象事业发展提供保障。

2007年10月,县人民政府发出《印发连南瑶族自治县气象灾害应急预案的通知》(南府办〔2007〕111号),提出成立县气象灾害应急指挥机构,由县政府主管副县长担任指挥长,有关部门领导为成员,明确各个成员的职责分工,确定预警级别标准及其发布措施,明确预案启动响应程序与应急保障。气象灾害应急预案的出台,提高连南县气象灾害应急处置能力,保证气象灾害应急工作高效、有序进行,最大限度地减灾避灾。

第三节　防雷减灾管理

1996年2月16日,县人民政府印发《关于进一步严格防雷设施安全管理的通知》(南府〔1996〕13号),要求各单位把防雷设施安全工作列入安全生产主要日程,各单位安装的防雷设施必须接受县防雷所的管理和检测,任何单位和个人不得拒绝检测和监督管理,县内新建工程项目必须到防雷所办理防雷设施报装手续,将建筑物防雷设施列入质检项目,县内有精密电器、电脑设备、无线电通讯设备的单位和企业,必须安装专用电器防雷器。"南府〔1996〕13号"文是县气象局开展防雷设施安装检测业务以来,连南县出台最全面、最具体、最规范的防雷安全管理文件,该文件出台使县气象局的防雷检测和防雷安全管理工作变得有规可循。

1997年8月26日,县人民政府印发"南府办〔1997〕37号"文件,向各乡镇人民政府及县属各单位转发《清远市建筑物防雷设施管理若干规定》,进一步规范连南县防雷安全管理工作。

1999年4月21日,县人民政府印发"南府〔1999〕21号"文件,向各镇人民政府及直属各单位转发《广东省防御雷电灾害管理规定》。

第十六章　人才队伍与科研

第一节　人才队伍

连南瑶族自治县气象局(站)建立以来,根据业务变动与需要,干部职工人数从建站时的 2 人增加到 2008 年的 9 人,总体呈递增趋势。由于地处贫困县,与发达地区相比,干部职工福利待遇差,致使人员不稳定,流动性大,从建站(1962 年)到 2008 年,连南县气象局总计调入 28 人,调出 20 人,流动比率达 1∶1.4。

1961 年筹建至 1966 年,连南县气象站总人数基本稳定维持在 2 人左右,1967 年至 1977 年,人数稳定维持在 3～4 人,1978 年至 1988 年,人数维持在 8～9 人。

1998 年,连南县气象局在职干部职工 6 人,其中大学本科以上学历 1 人,中专学历 5 人,大专以上学历占总人数的 17%;其中工程师 2 人,助工 1 人,技术员 1 人,工人 2 人,中级职称以上占总人数 33%。连南县气象局积极采取"请进来、送出去"的策略,一方面根据需要吸收大中专毕业生,另一方面鼓励原有干部接受在职学历教育和培训,至 2008 年末,在职干部职工总人数 9 人,其中大学本科学历 4 人,大专学历 3 人,中专 2 人,大专以上学历占总人数的 78%;其中工程师 2 人,助理工程师 4 人,技术员 2 人,中级职称以上占总人数的 22%。干部职工队伍的学历结构,技术职称结构较早期有显著提高。

第二节　在职教育

连南县气象局自始至终贯彻上级气象部门干部职工在职教育的有关规定,支持干部接受在职教育,鼓励业务人员参加省、市气象局组织的业务培训与中国气象局培训中心的网络培训。自建站至 2008 年,共有 8 人/次通过在职学历教育并取得学历资格。经过干部职工在职教育,2008 年,局领导班子成员 100%达到大学本科学历,78%干部职工达到大专以上学历。

连南县气象局各年参加在职学历教育情况如下:

1989—1990 年,邵斌在湛江气象学校脱产学习,取得中专学历。

1997—1998 年,胡东平在南京气象学院计算机专业脱产学习,取得大专学历。

2001—2005 年,莫荣耀在南京信息工程大学大气科学(防雷)专业函授学习,取得大专学历。

2002—2006 年,龚仙玉在中山大学防雷专业函授学习,取得大专学历。

2006—2008 年,莫荣耀在华南师范大学网络教育学院计算机科学与技术专业函授学习,取得大学本科学历。

2006—2008 年,胡东平在华南师范大学网络教育学院行政管理专业函授学习,取得大学本科学历。

2006—2009 年,龚仙玉在中山大学应用气象专业函授学习,取得大学本科学历。

2007 年,陈水云在南京信息工程大学大气科学(防雷)专业函授学习(大学本科)。

第三节　气象科研

连南县气象局非常重视和支持业务人员进行气象科研开发,科研项目内容涵盖气象预报方法、农业气象资源利用、计算机业务应用开发等方面。1962—2008 年,连南县气象局承担 12 个业务科研项目,其中省级科研项目 7 个,市级科研项目 2 个,在省级气象专业期刊发表科研论文 3 篇,1985—2007 年连南县气象局科研项目见表 16-3-1。

连南县气象局气象科技人员多年来通过实验研究,撰写不少涉及农气候资源开发和农业试验总结专题材料。1990 年,撰写《石灰岩地区"稻—豆—肥"耕作制试验总结》,为解决如何充分利用石灰岩地区的土地及气候资源,提高农作物产量、产值,改善石灰岩地区人民的生活提供科学依据;1991 年,撰写《泰国绿豆性状及栽培管理》,为泰国绿豆的栽培管理提供科学依据。实践证明,在良好的栽培技术和管理条件下,一般亩产 150～200 千克,比本地绿豆产量高 80～100 千克;1992 年,撰写《沙田柚蜜蜂授粉技术》;1995 年,撰写《沙田柚蜜蜂授粉技术试验工作总结》,根据试验,1993 年比 1992 年增产 71%,1994 年较 1993 年增产 1 倍,因该三年沙田柚价格平稳,其经济效益与柚果增产同步,连南县沙田柚含糖量比邻县略高 12.5%,与外县相比,沙田柚品质好,产品销路好,无积压。《沙田柚蜜蜂授粉技术》一文印刷 350 余份,在县政府组织的"科技服务一条街"活动中,成为农民踊跃索取的抢手资料之一。

表 16-3-1　1985—2007 年连南县气象局科研项目表

时间	项目名称	项目主持人(负责人)	获得奖项	备注
1985 年	广东省农业区划		广东省农业区划优秀成果先进集体	
1990 年	连南县森林火险等级天气综合指标趋势预报	李大毅	广东省人民政府颁发的"三等奖"	
1991 年	利用山区光温水气候资源发展反季节蔬菜生产	胡文良	广东省农业技术推广奖二等奖	
1992 年	科学地进行热量人工补偿,提高亩产产量,实现吨谷镇	梁正科	广东省农业技术推广奖二等奖	
	连南瑶族自治县气象志	胡文良等	清远市科协 1992 年度优秀科志	
1993 年	蚕桑生产的气候条件	许新台	广东省农业技术推广奖二等奖	
	农业气候区划成果在发展山区蚕桑水果上的应用推广	许新台	广东省农业技术推广奖	

续表

时间	项目名称	项目主持人（负责人）	获得奖项	备注
1997 年	无花果不利气候条件及其防御措施	陈记国	《广东气象》发表	2005 年广东省气象局科研项目
2001 年	用逐步回归预报方程作冬季最低气温及≤5℃低温的二级判别预报	莫荣耀	《广东气象》发表	
	简洁易用的气象报表封面封底编辑软件	莫荣耀	《广东气象》发表	
2006 年	数值统计预报制作平台	莫荣耀		2006 年清远市气象局科研项目
2007 年	自动站、人工站观测数据校比审核软件	莫荣耀		2007 年清远市气象局科研项目

第四节　气象科普

连南县气象局成立以来，重视宣传、普及气象知识。多年来，以"3·23"世界气象日、全国科普日暨科普周、其他科普讲座、送科技下乡等活动为平台，积极开展气象科普宣传工作，通过在活动中派发气象科普知识传单、小册子，派送纪念品，邀请县政府和部门领导、气象老农参加座谈会，在电视台播出气象科普宣传片等措施把气象服务推向社会。2005 年起在每年"3·23"世界气象日前后组织"气象开放日"活动，允许社会公众参观连南气象台、观测站，并有专人引导讲解。2007 年，连南县气象局开展"3·23"世界气象日活动，从 3 月 21 日晚开始，在县电视台连续两天 20 时播出的"连南天气预报"节目后播出气象科普专题节目。23 日上午，组织"3·23"世界气象日科技服务上街活动，发放气象科普读物《气象与生活》、专题气象杂志《气象知识》、《中国气象报》以及《广东省突发气象灾害预警信号》宣传单和气象纪念品等，受到广大市民的热烈欢迎。23 日晚播出气象日专题电视节目"极地气候：认识全球影响"，并由副县长唐联志发表《极地气候：认识全球影响——纪念"3·23"世界气象日》的电视讲话，通过一系列活动，大大增强社会公众的气象意识，让人们了解气象、应用气象和共同宣传气象，取得很好的社会效益。2008 年"3·23"气象开放日，连南县气象局接待连南县顺德小学少先中队 50 多人的学习组到站参观，在气象台播放《观测我们的星球，共创更美好的未来》、《广东省突发气象灾害预警信号》等科普多媒体电教片，并安排专人现场讲解天气预报制作的流程，各种气象灾害防御科普知识。在县城瑶山路口举行"3·23"世界气象日气象科技服务咨询活动，就气象灾害防御与农业气象科技应用等方面为市民答疑解惑，共向市民派发气象科普宣传资料约 600 多份，还邀请部分市民参与公众气象服务满意度调查，虚心征求广大市民对气象预报等科技服务的意见，以便于为人们提供更好、更高素质的气象服务。

第十七章　基础设施和精神文明建设

第一节　基础设施建设

连南县气象站建站时,地面气象观测场位于三江镇东风街15号(当时该处为三江镇近郊,经过多次改名,2008年更改为东风路26号),面积为16米×20米,1962年1月1日启用。气象站办公与宿舍条件比较简陋,1964年,连南县气象站只有一座砖木结构的二层办公宿舍楼,总建筑面积仅有186平方米。由于台站业务变动,干部职工人数逐渐增多,1964年加建平房宿舍2套,约150平方米。1984年新建面积约240平方米的2层混凝土结构宿舍楼,台站面貌与干部生活条件有所改善。1994年新建面积约800平方米的三层混合结构宿舍楼,按照国家及省、市、县有关住房政策,先后把享受国家房改优惠政策的住宅出售给在职干部,至1998年底,共售出5套,余1套约85平方米仍属单位。随着连南县气象事业的逐步发展需要,1998年连南县气象局通过多方筹集资金,将原有的砖木结构办公宿舍楼和二层混凝土结构宿舍楼推倒重建,建起面积约1700平方米的六层业务综合楼,使连南县气象局国有固定资产大幅度的增加,业务办公条件也有很大的改善。

20世纪90年代后,连南县城市建设迅猛发展,由于人们对气象探测环境保护意识比较缺乏,加之观测场四周建筑不受限制,致使观测场被居民住宅所包围,气象探测环境受到很严重破坏,根据2007年7月清远市气象局气象台站观测环境综合调查评估报告,连南地面气象观测场最终得分只有49.5分,根本无法满足地面观测业务对气象探测环境的要求。2004年10月,中国气象局制定和颁布《气象探测环境和设施保护办法》,中国气象局又和建设部联合下发《关于加强气象探测环境保护的通知》,连南县政府和相关部门更重视气象探测环境保护。在连南县气象局的不懈努力下,连南县政府印发《关于同意更改征地位置的批复》(南府办复〔2003〕25号),同意将三江镇五星村直路顶张屋背山墩部分土地划拨予连南县气象局作为观测场搬迁建设用地。通过广东省气象局的项目评估,批准连南县气象局全站搬迁。2007年底开始新站的工程施工建设,2008年建成面积为25米×25米标准地面气象观测场和面积为815平方米的业务办公楼。新站总占地面积12000平方米,2009年1月正式投入使用。

第二节　精神文明建设

1962年建站至1978年期间,县气象局的精神文明建设以全面贯彻毛主席的革命路线,坚定正确的政治方向,"抓革命,促生产",大力开展农业学大寨运动,争先创优为主要内容。

1978—1988 年,主要是围绕社会主义"四化"建设的目标,开展精神文明建设。遵照上级气象部门部署,1981 年起,县级气象部门开展"五讲四美三热爱"活动,教育广大职工树立社会主义道德,改变不良风气,治理"脏、乱、差"现象。1985 年以后,开展以理想、纪律为中心的"四有"(有理想、有道德、有文化、有纪律)教育,开展"三爱"(爱气象、爱站台、爱岗位)活动,开展社会主义劳动竞赛。在这一期间,县气象局刘国望 1979 年被中央气象局评为全国气象系统"三八"红旗手。

1989 年清远市气象局成立,连南气象局划归清远市气象局管理,此后一段时间,社会主义精神文明建设主要是围绕党把工作重心转移到社会主义现代化建设上来的中心工作,结合自身实际开展思想政治工作。1991 年 4 月,清远市气象局制定《精神文明建设工作目标及考核标准》(清气人(1991)08 号),首次将精神文明创建工作纳入年度目标管理工作之中。1992 年,气象部门精神文明建设的重点和任务转移到解放思想,更新观念,加大改革力度,紧抓气象现代化建设,提高科学管理和气象服务质量,提高气象工作的总体效益上来。

1996—1999 年,气象部门广泛开展创建文明单位,文明行业和争当文明气象员活动。对干部职工进行职业责任、职业道德、职业纪律教育,加强岗位培训,规范行业行为,树立行业新风。为切实加强党对精神文明建设工作的领导,1996 年连南气象局成立由局长任组长、班子成员任副组长,各股、室、所负责人为成员的精神文明建设领导小组。由班子成员具体负责日常创建活动工作,同时确定局内各股、室、所负责人为单位精神文明创建活动的第一负责人,按照精神文明建设创建标准,认真开展活动,抓好落实,通过创建精神文明,促进连南县气象事业稳步发展。在这期间,县气象局 1997 年被广东省气象局评为全省气象系统(1995—1996)文明单位;1998 年被中共连南县委员会、连南县人民政府评为 1997 年度县文明标兵单位;1999 年被清远市气象局评为 1998 年度市气象系统文明单位,同时被中共连南县委员会、连南县人民政府评为 1998 年度县文明标兵单位。

2000 年起,县气象局精神文明建设工作不断深化,文明单位、文明行业的创建得到新的进展。精神文明建设工作做到领导重视,机构健全,制度完善,教育深入,活动扎实。继承和发扬自力更生,艰苦创业的光荣传统,不断拓展服务领域,开展优质服务,提高气象部门外在形象。2001 年,连南县气象局被省人事厅、省气象局评为全省气象系统先进集体,同时被省气象局评为文明单位,被县政府评为县先进单位、县文明标兵单位、抗洪救灾先进集体;2003 年,通过国家档案局科技事业单位档案管理国家二级标准评审;2004 年,被清远市委、市政府授予"五十佳文明示范窗口"称号;2008 年,分别被中共清远市委和中共连南县委评为市(县)先进基层党组织。

附　录

一、荣誉录

1962—2008 年连南县气象局获省、市、县奖励表

获奖单位	称号（项目）	授奖单位	授奖时间
连南瑶族自治县气象站	爱国卫生运动先进单位	连南瑶族自治县三江镇爱国卫生运动委员会	1979 年 10 月
连南瑶族自治县气象局	文明先进集体	中共连南瑶族自治县委员会	1982 年 6 月 16 日
	县档案工作恢复整顿先进单位	中共连南瑶族自治县委办公室 连南瑶族自治县人民政府	1983 年 5 月
	市五讲四美三热爱先进单位	中共韶关市委员会 韶关市人民政府	1983 年 12 月 17 日
	县五讲四美三热爱先进单位	中共连南瑶族自治县委员会 连南瑶族自治县人民政府	1984 年 2 月
	县文明单位	中共连南瑶族自治县委员会 连南瑶族自治县人民政府	1984 年 7 月
	县文明单位	中共连南瑶族自治县委员会 连南瑶族自治县人民政府	1985 年
	市文明先进单位	中共韶关市委 韶关市人民政府	1985 年 2 月
	广东省农业区划优秀成果先进集体、先进工作者光荣册	广东省农业区划办公室	1985 年
	省农业区划先进集体	广东省农业区划办公室	1985 年 6 月 28 日
	气象服务工作一等奖	广东省气象局	1986 年 1 月
	广东省农村科技工作先进集体、先进个人光荣册	广东省人民政府	1986 年 9 月
	广东省农村科技先进集体	广东省人民政府	1986 年 9 月
	市气象系统文明建设先进单位	韶关市气象局	1988 年 12 月
	市气象系统农业服务先进单位	广东省清远市气象局	1990 年 3 月
	《省森林防火天气服务》三等奖	广东省人民政府	1990 年
	县创粮食高产支农先进单位	连南瑶族自治县人民政府	1990 年 2 月
	县两个文明建设先进单位	中共连南瑶族自治县委员会 连南瑶族自治县人民政府	1991 年 2 月
	县档案升级先进单位	中共连南瑶族自治县委员会 连南瑶族自治县人民政府	1991 年 4 月 22 日

续表

获奖单位	称号（项目）	授奖单位	授奖时间
	《利用山区光温水气候资源发展反季节蔬菜生产》一等奖	广东省农业技术推广奖评审委员会	1991 年 12 月
	1992 年目标管理考核成绩优良	清远市气象局	1993 年 6 月
	《热量资源的人工补偿在提高水稻甘蔗产量上的应用》二等奖	广东省农业技术推广奖评审委员会	1992 年
	县庭院绿化先进单位	连南瑶族自治县人民政府	1993 年 11 月 13 日
	县文明单位	中共连南瑶族自治县委员会 连南瑶族自治县人民政府	1994 年 1 月
	《农业气候区划成果在发展山区蚕桑水果上的应用推广》二等奖	广东省农业技术推广奖评审委员会	1993 年
	县抗灾救灾先进集体	中共连南瑶族自治县委员会 连南瑶族自治县人民政府	1994 年
	抗灾救灾先进集体	广东省气象局	1994 年 8 月 15 日
	县文明单位	中共连南瑶族自治县委员会 连南瑶族自治县人民政府	1995 年 12 月 28 日
	市气象系统先进单位	清远市气象局	1997 年 1 月
	全省气象系统（1995—1996）文明单位	广东省气象局党组	1997 年 3 月
	县安全文明小区达标单位	中共连南瑶族自治县委员会 连南瑶族自治县人民政府	1997 年 4 月 8 日
	全省气象系统先进集体	广东省人事厅 广东省气象局	1997 年 3 月
	县文明标兵单位	中共连南瑶族自治县委员会 连南瑶族自治县人民政府	1998 年 3 月 13 日
	县职业道德建设先进单位	中共连南瑶族自治县委员会 连南瑶族自治县人民政府	1998 年 3 月 13 日
	1998 年目标管理优良达标单位	清远市气象局	1999 年 1 月
	市气象系统文明单位	清远市气象局	1999 年 1 月
	县文明标兵单位	中共连南瑶族自治县委员会 连南瑶族自治县人民政府	1999 年 9 月 29 日
	2000 年度目标管理达标单位	清远市气象局	2001 年 1 月
	2000 年科技服务成绩优良	清远市气象局	2001 年 1 月
	县文明标兵单位	中共连南瑶族自治县委员会 连南瑶族自治县人民政府	2002 年 3 月
	2002 年目标管理优秀达标单位	清远市气象局	2003 年 1 月
	文明标兵单位（2002—2003）	中共连南瑶族自治县委员会 连南瑶族自治县人民政府	2003 年 12 月
	2004 年目标管理优秀达标单位	清远市气象局	2005 年 2 月
	2005 年目标管理优秀达标单位	清远市气象局	2006 年 2 月
	连南县依法治县工作先进单位	中共连南瑶族自治县委员会 连南瑶族自治县人民政府	2006 年 12 月

续表

获奖单位	称号（项目）	授奖单位	授奖时间
	文明单位	中共连南瑶族自治县委员会 连南瑶族自治县人民政府	2007 年 12 月 29 日
	2007 年目标管理优秀达标单位	清远市气象局	2008 年 1 月
连南瑶族自治县气象学会	学会活动一等奖	连南瑶族自治县人民政府	1982 年 2 月
	省气象系统先进气象学会	广东省科学技术协会气象学会	1982 年 8 月
	市先进学会	清远市科学技术协会	1990 年 4 月 12 日
连南瑶族自治县气象局窗口	清远市五十佳文明示范窗口	中共清远市委 清远市人民政府	2004 年 7 月
连南瑶族自治县气象局党支部	2000 年县农林水战线先进党支部	连南瑶族自治县农林水战线委员会	2000 年 7 月 1 日
	2001 年县农林水战线先进党支部	连南瑶族自治县农林水战线委员会	2001 年 7 月 1 日
	先进基层党组织	中共连南瑶族自治县委员会	2005 年 7 月
	先进基层党组织	连南瑶族自治县农林水战线委员会	2007 年 7 月
	全市先进基层党组织	中共清远市委	2008 年 7 月
	先进基层党组织	中共连南县委员会	2008 年 7 月

1962—2008 年个人获省、市、县奖励表

获奖个人	称号（项目）	授奖单位	授奖时间
李深强	1973 年度先进工作者	县委县革委	1979 年
刘国望	1978 年度先进工作者	中央气象局	1979 年
	1978 年度先进工作者	广东省气象局	1979 年
	全国气象系统"三八"红旗手	中央气象局	1979 年
梁正科	广东省农业技术推广奖二等奖	广东省农业技术推广奖评审委员会	1992 年
	1994 年抗洪救灾先进个人	广东省气象局	1994 年 8 月 15 日
	气象系统先进工作者	广东省气象局、广东省人事厅	2001 年 3 月
	2002 年度优秀共产党员	中共连南瑶族自治县委员会	2003 年 7 月 1 日
	2003 年度优秀共产党员	中共连南瑶族自治县委员会	2004 年 6 月 30 日
	2004 年国家档案突出贡献	国家档案局	2004 年
	2005 年度优秀共产党员	中共连南瑶族自治县委员会	2006 年 7 月 1 日
	廉政文化建设工作先进个人	广东省气象局	2006 年 12 月
	抗御低温雨雪冰冻灾害重大气象服务先进个人	广东省气象局	2008 年 3 月
龚仙玉	2004 年国家档案突出贡献	国家档案局	2004 年
陈记国	2004 年国家档案突出贡献	国家档案局	2004 年

二、人物录

刘国望，女，汉族，1936 年出生，1952 年 5 月参加工作，1981 年加入中国共产党，1984 年 10 月起任连南瑶族自治县气象局（站）长，1989 年 12 月退休。1978 年 10 月在连南寨岗镇气象哨担任气象员期间，在工作中依靠群众办好气象哨，使气象更好地为生产服务，做好地方政府参谋，工作成绩显著，1979 年 9 月被评为省气象系统"三八"红旗手和标兵，同年

被评为全国气象系统"三八"红旗手。

　　胡文良,男,汉族,1935出生,中专(农业专业)学历,1958年参加工作,1961年10月到连南县气象站工作,1979年10月始任连南县气象站副站长,1990年4月始任县气象局局长(正科级),1995年7月退休。1991年,主持科研项目《利用山区光温水气候资源发展反季节蔬菜生产》获广东省农业技术推广奖二等奖,1992年主持编纂首部《连南瑶族自治县气象志》,该志被清远市科协评为1992年度优秀科志。

　　李大毅,男,汉族,1936出生,四川重庆人,长春气象学校毕业,中专学历,气象工程师,1953年8月参加工作,1959年反右倾时被遣农村务农20年,1979年平反恢复工作,1984年由韶关调到连南工作,1996年9月退休。1990年科研成果《连南县森林火险等级天气综合指标趋势预报》获广东省人民政府颁发的"三等奖",1991年因灾害性天气预报准确、及时被广东省气象局授予"1991年度防灾抗灾气象服务先进个人"称号。

　　陈记国,男,汉族,1953年出生,1972年12月在连南县应征入伍,复员后1974年9月起在韶关地区农业学校学习,1976年9月起在连南瑶族自治县农业局任农技员,1978年5月调到连南县气象局任气象员,1982年4月起任气象局测报组负责人,1986年加入中国共产党,1996年10月被聘为连南县气象局气象服务工程师,1995年8月至2006年10月间是连南县气象局领导班子成员,兼职纪检员,1981年起参加连南气象学会,并任学会理事。2004年担任广东省气象局气象科研项目《连南县反季节蔬菜不利气候因素的防御和对策》项目负责人,2005年完成项目并通过课题验收。

　　梁正科,男,汉族,1956年出生,中山大学气象学系气象学专业毕业,1980年8月分配到连南瑶族自治县气象局工作,1986年5月起任气象局业务股长,1992年6月起任气象局局长助理,1992年7月被聘为应用气象工程师,1993年6月起任连南县气象局副局长,1996年起任连南县气象局局长,1996年7月加入中国共产党,1998年7月起任县气象局党支部书记。任职期间致力于开拓本地气象科技服务业务和提高气象科研技术水平,1992年《科学地进行热量人工补偿,提高亩产产量,实现吨谷镇》研究成果被评为广东省农业技术推广奖二等奖,1994年被广东省气象局授予"抗洪救灾先进个人"称号,2000年被广东省人事厅、气象局评为气象系统先进工作者,2001年被广东省人事厅、气象局评为气象系统先进个人,2004年被国家档案局评为档案管理突出贡献奖,2006年11月当选县党代表,是连南县气象局成立以来首位参加县党代会党员,2007年当选县科学技术协会第五届副主席,2008年在雨雪冰冻预报服务工作中主动细致,充分发挥气象在地方防灾减灾工作中的决策参谋作用,被广东省气象局评为"2008年度抗灾救灾气象服务先进个人"。

三、气象灾害年表

唐

　　显庆四年(659年),大水。

宋

　　建炎四年(1130年),大水。

　　嘉泰二年(1202年)五月,大水,楞枷侠西岸崩。

　　嘉定二年(1209年)五月,大水。

明

景泰八年(1455年)五月,大水。

成化元年(1465年)五月,大水。

嘉靖十五年(1536年),大水,大饥。

十六年(1537年),大水。

三十五年(1556年)四月,大水。

隆庆元年(1567年),大水。

崇祯四年(1631年)四月,大水。

清

顺治十一年(1654年),大水。

康熙十九年(1680年)秋,大旱。

二十三年(1684年)四月,旱。

二十四年(1685年)春、夏,旱。

二十六年(1687年)夏,大水。

四十年(1701年),大水。

四十二年(1703年),大旱。

四十三年(1704年),大水。

雍正十三年(1735年)四月,大水。

乾隆十五年(1750年)秋,大旱。

十六年(1751年)秋,旱。

二十九年(1764年)夏,大水。

三十三年(1768年),俱旱。

三十五年(1770年)五月,大水。

五十一年(1786年)秋,大旱,斗米钱五百文。

五十二年(1787年)秋,旱。

五十三年(1788年)秋,大旱。

嘉庆十五年(1810年)秋,大水。

十八年(1813年)夏,大水。

二十五年(1820年)春、秋,大旱。

道光三年(1823年)秋,大水,平地水数丈,淹没田屋无数,米腾贵。

十三年(1833年),大水。

十五年(1835年),旱。

十七年(1837年),大水,淹没庐舍民无数。

二十三年(1843年)春,大水。

二十七年(1847年)夏,大水。

咸丰三年(1853年)秋,大水。

同治二年(1863年)冬,大水。

五年(1866年)夏,大水。

九年(1870 年)春,大水。

光绪三年(1877 年)四月,大水。

十二年(1886 年)大暑后大旱。

中华民国

民国 4 年(1915 年)3 月 4 日,下大暴雨,山洪暴发,大崩山。万角小学的旧戏台上水,老埠街可撑船,龙口村冲走 3 人,房屋倒塌,高界山崩。天南黎明,三江后山崩,洪水冲出,倾刻盈丈,田庐多被淹塌,塘冲、陈巷等处,漂没十余人。大龙金坑山崩石裂,洪水倾泻而下,平原顿成泽国。

民国 13 年(1924 年)3 月 26 日夜,寨南石径下拳头大的冰雹,打烂瓦背。

民国 14 年(1925 年),三江洪水暴发,田禾被淹没。

民国 16 年(1927 年)5 月 11 日,下大暴雨,老虎冲的船底锅山至金竹锅山,山崩 800 米,裂缝约 3 米宽,现在仍有约 1 米宽的痕迹。

民国 17 年(1928 年),"白露"下少量雨后,直到 10 月只是零星小雨,连旱至第二年的"小满"才下透雨,可插田,干旱 252 天,山地作物失收。

民国 18 年(1929 年)4 月初,寨南吹大风,直径约 1 米的树被连根拔起。

民国 19 年(1930 年)端午节后至 7 月 14 日,才下雨,连旱 60 多天,早稻及高排田减产,旱地作物失收。

民国 23 年(1934 年)4 月 11 日上午 6—9 时,吹大风,寨岗吹塌 12 间房屋。

民国 24 年(1935 年)3 月 13 日下午 4 时,寨岗下 30 分钟茶杯大的冰雹,全部秧苗被打坏。

5 月末,吹大东北风,寨岗一株直径约 2 米大的樟树被连根拔起。

民国 29 年(1940 年)6 月初,吹大风,寨南称架木桥板被吹到老锅厂。

民国 32 年(1943 年),寒露风很大,瑶区中造只收二成,晚造全部失收。

民国 33 年(1944 年)4 月 10 日,山洪暴发,鱼山腰崩山,崩山时如雷鸣,崩下的大石比人高。

4 月 26 日,山洪暴发,白芒、龙塘山崩,龙塘村庄被冲走一半,牲畜全部冲走。

6 月 10 日,下大暴雨,寨岗、寨南两条河水上涨,洪水入屋、入街,九寨下坪山崩,九寨河两岸的稻谷、玉米全部被洪水冲走。

民国 34 年(1945 年)5 月 25 日后,连旱 21 天,部分山地作物失收。

8 月 26 日申时,寨岗吹大风下冰雹,晚造只收一成。

民国 35 年(1946 年)5 月 3 日,始下小雨,至 5 月 11 日,下大暴雨,寨岗和寨南两条河河水猛涨,寨岗河边圩场 40 多间铺全被冲走,万角桥头街冲走一间药店,老埠街还冲走一位老妇人、一个小孩,房屋家产全被冲走,官坑有两个 18 岁的姑娘出外找猪菜,也被大水冲走。阳爱、成头冲屋背石山崩,大麦山崩山埋一家 6 口,两岸已熟的玉米和正抽穗的水稻全部被洪水冲走,万角上街的曾一,墙上写着"丙戌年五月十一日,大水入屋四尺[①]多高"。5 月 11 日,山洪暴发,河水猛涨,三江五拱桥被冲崩,三江沿河两岸,一片汪洋,牛脚、老康基、

---

① 　1 尺≈0.33 米,下同。

老圩菜园坝、白话仔(现木材站附近)石基等十多处河基缺口,两岸农田淹没,大水淹至屋顶,人畜漂没,东和、陈巷、泥潭为甚。

民国 36 年(1947 年),大水淹农田 0.46 万亩。

民国 37 年(1948 年)9 月,吹大风,有 4 人赴黎埗圩在半路糖寮避雨,人和糖寮被吹走几丈[①]远。

中华人民共和国

1952 年

5 月初,盘石、社下两地下大雨,洪水冲毁稻田 70 亩。

6 月上旬,上洞发洪水冲毁水田 120 亩。

1953 年

2 月底,官坑、石坑良、阳爱中午下 30 分钟手指大的冰雹累积约 25 厘米厚。

5 月 29 日,山洪暴发,万角桥头老屋厅内入水,早稻乳熟被淹浸。

夏,旱 40 天。

1954 年

3 月底,社墩下 1 小时左右冰雹,最大的有茶杯大的冰雹。

8 月,旱。

9 月,7 天寒露风,大光粘抽穗不结实,晚造减产。

1955 年

3 月,四村至安田一带下近 10 分钟大冰雹。

8 月,受旱 0.42 万亩,担水淋禾,晚稻减产。

1956 年

5 月中旬,寨岗区下一场冰雹,最大的有碗口大的冰雹,老虎冲的早包麦全部被打死,瓦背被打烂无数。

7 月 9 日后,连续旱 70 多天,全县受旱 0.83 万亩,阳爱 1 个大石岩无水出,石坑良门口河水干枯,晚造只收六成。

1957 年

2 月 12 日,下大雪,许多树尾、竹尾被压断。

5 月,万角大队下几分钟冰雹,最大的有鸭蛋大的冰雹,瓦背被打烂。

7 月 14 日,吹 3 个小时的大东南风,老虎冲屋顶被吹开,吹倒厕所 1 间,直径约 1 米的大树被吹倒。

1958 年

5 月 11 日,下大暴雨,洪水入寨岗街,寨岗百货公司仓库办公室入水 1 尺多深。

1961 年

3 月下旬,寒潮,全县冻死秧苗,计谷种 3072 担,补播谷种 2169 担。

1962 年

1 月 1 日—2 月 12 日,受旱 43 天。

---

① 1 丈≈3.33 米,下同。

1月14日,寒潮,24小时内降温幅度8.1℃,持续低温时间长22日,过程中最低温度－1.7℃(1月27日),其中25—28日最低温度均在零度以下,并有6天出现霜冻天气。

5月15日,三江镇降水量达80.8毫米。

6月28日,大范围暴雨,三江镇降水量80.9毫米。

6月30日下午,三江吹7～8级西北风,大部分水稻被吹倒伏,三江广场一株直径约1米大的桉树被吹倒。

7月,吹大东南风,老虎冲房屋瓦背被吹掀,杨瑞去盖瓦,被大风吹下跌亡。

11月27日—1963年2月5日,受旱71天。

1963年

1—2月,特大寒潮冷害,从1962年12月29日起至1963年2月5日止长达39天日平均气温≤12.0℃,过程最低－4.8℃(1月15日),其中1月14—17日最低气温均在－2.0℃以下及1月26—28日均在－1.0℃以下,并出现15天的霜冻及结冰天气。

7月4日15时30分,三江吹大风下大雨,大部分水稻被吹倒伏。

8月上旬至11月上旬,连旱90多天,受旱面积2.87万亩,成灾面积1.15万亩。县属机关出动2000多人支援农村抗旱,县拨出26部龙骨车,机械抽水工具、柴油机等24套,派技术员30多人,一个月内建成提水站36座。

1964年

1月13日,24小时降温幅度达9.6℃,持续低温时间25天,过程最低温度为0.6℃(1月8日),并出现3天的雨雪天气。

7月27日,三江雷击,在气象站路旁击死耕牛1头。

8月30日,县气象站路旁雷击死1人。

10月6日,寒露风,过程维持时间6天。

1965年

2月23日,低温阴雨,持续时间15天,过程中最低温度4.5℃,造成春播育秧大面积灾害。

1966年

2月22日,24小时降温幅度15.5℃,低温维持时间6天,过程最低温度1.3℃,造成春播育秧较大灾害。

2月,寨岗下几分钟手指粗的冰雹。

3月7日,24小时降温幅度17.2℃,低温维持时间4天,过程最低温度3.6℃,造成春播育秧较大灾害。

9月1日—10月13日,夏旱,干旱维持时间43天,期间降水量仅2.9毫米,影响农业生产及人民生活用水,并对高山中造田和旱地作物造成较大灾害。

1967年

2月23日,24小时降温幅度8.0℃,过程最低温度4.6℃,低温维持时间7天。

4月3日,大暴雨,三江降水量107.5毫米,部分地区出现洪涝灾害。

10月1日,寒露风,维持时间12天,过程中最低温度14.0℃,期间无降水,但有4级左右的偏北风,对晚稻抽穗扬花有一定影响。

10月,秋旱,降水量仅为9.8毫米,山地旱地作物灌溉用水困难,部分旱作物失收。

1968年

1月21日,低温寒冷,日平均气温<10.0℃连续维持38天,其中2月1—8日,连续8天日平均气温均<5.0℃,1月31日—2月15日连续16天日最低气温<5.0℃,过程中最低气温−0.9℃(2月15日),2月份有5天雨雪天气,高寒山区积雪深厚。

8月21日,台风在珠江口登陆,22日减弱成热带低压,并移至梧州一带,连南出现暴雨到大暴雨,三江日降水量106.2毫米,部分地区发生洪涝灾害。

9月21日—11月12日,夏秋连旱,53天降水量仅14.4毫米,部分地区出现严重旱情。

12月21日,下大雪,山上的松、杉和公路上的桉树尾,一半以上被压断,电话线和广播线被雪压断很多处。

1969年

1月29日,24小时降温幅度16℃,30、31日下大雪,低温维持时间13天,其中29日至2月5日连续8天日平均气温≤1℃,30日至2月1日连续三天平均气温≤0℃,并出现积雪。过程中最低气温从29日起连续11天均在零度以下,2月1日最低气温−3.7℃,2月1—8日连续8天出现结冰,本次冷害是连南县气象站建站以来维持时间最长,强度最强的一次,造成连南县受灾损失很大,高山积雪半个多月未融化,交通受阻。

2月16日,低温阴雨,过程维持时间27天,其中从2月19日起连续9天日平均气温≤5℃,对早稻播种育秧造成较大影响。

9月7日—10月13日,秋旱,连续37天降水仅为1.6毫米,旱地作物严重失收。

11月23日至次年1月12日,受旱51天。

1970年

1月5日,48小时降温幅度11.2℃,低温维持时间8天,过程最低气温−2.6℃,有2天出现霜冻天气。

2月26日,低温阴雨,维持时间29天,出现6天倒春寒,早稻普遍出现死秧、烂秧现象,影响早稻的插播进度和产量。

1971年

1月上旬,霜冻冷害,连续11天霜冻和结冰,过程中1月3—11日最低温度在1℃以下,其中3日最低温度−0.5℃,冷害较为严重。

5月18日,暴雨,三江降水量95.8毫米。

7月27日,暴雨洪涝,三江降水量100.1毫米,部分地区出现洪涝灾害。

9月15日—12月23日,秋冬连旱,连续100天降水仅为62.7毫米,秋冬作物失收严重。

10月5日,寒露风,维持至10月20日以后。

12月13日至次年1月22日,受旱41天。

1972年

1月中旬,霜冻冷害,连续4天的霜冻和结冰,过程最低温度−1.3℃(1月12日)。

2月2日,48小时降温幅度达10.1℃,低温维持时间13天,过程最低温度−2.7℃(2月9日),其中8日出现积雪,高寒山区积雪深厚,雪灾严重。

5月5—6日，下大暴雨351.1毫米，河水猛涨。寨岗百货商店门口，水位高1.72米，公社球场的篮球架被冲倒。全社被洪水冲崩的房屋17间、加工厂1间、牛栏18间、水利设施135条、河堤25米，冲坏水稻3757亩、花生1363亩、玉米486亩、木薯778亩。寨岗街可行船。食品厂六大缸米酒和酱油被淹，损失1万多元。

8月19日，连南县普降大暴雨，三江降水量83.0毫米。

1973年

6月28日，连南县普降大暴雨，三江镇降水量107.6毫米，寨岗158.7毫米。

8月12日傍晚到14日，连南普降大暴雨，过程雨量三江镇242.9毫米，降水量在100.0毫米左右的有寨南、寨岗、盘石等七个公社，200.0毫米以上有三排、南岗、金坑、三江等5个公社，其中金坑达406.0毫米，造成山洪暴发，河水上涨，尤其是三江洪水涨达4米多。全县被洪水冲毁河堤4840米，山体滑坡911米，受淹农田面积5595亩，冲坏经济作物4000亩以上，大小水利120宗，冲倒房屋44间，公路塌方60多处，桥梁2座。

8月，三江镇下小冰雹。

11月29日—1974年1月9日，受旱42天。

1974年

5月1日，暴雨，三江日降水量139.1毫米，寨岗103.0毫米。

10月9日，寒露风，维持时间7天。

1975年

4月16日，大风、冰雹，16日晚三江公社东和大队12个生产队突然受局部性的强大旋风和冰雹、大风的袭击，回龙湾村边一棵百年大树被风刮倒，全大队有358户遭受不同程度的损失，倒塌房屋4间，被风刮走或冰雹打烂的瓦40万～50万块，20多亩秧苗被打坏。

12月，雨雪冰冻，从2日开始下小雨，到3日吹大风并有较大的雨夹雪。12日晚10时转下棉花雪，至14日上午雪止，雪深1尺，最低温度−3.0℃，板洞林场积雪深5尺，最低温度−8.0℃，15日天空放晴。至1976年1月1日止共有17天霜冻和结冰天气，大雪造成高山杉、松树尾折断，竹子成片压倒，电线积冰粗大，公路交通受阻，寨岗融雪11天，板洞融雪则31天。

12月15日至次年2月21日，连续66天降水仅有18.0毫米，加上低温冷害严重，冬季作物严重失收。

1976年

3月19日—4月6日，出现在15℃以下持续19天无日照的阴雨天气，全县损失谷种60多万千克。

4月17日，寨岗成头冲、阳爱、石抗崀、官坑等四个大队出现冰雹，最大直径15～18厘米，重0.5～1.0千克，一般的如鸭蛋，小的如手指头，密度较大是成头冲，全队有139户342间房屋受损坏，仓库、猪牛栏51间，损坏秧苗92亩。

7月初，涡水、盘石公社山洪暴发，冲走木材5000立方米。

1977年

1月30日、31日，雨雪冰冻，最低温度−2.3℃，积雪深厚，半月未融化，压断树、竹林、电线一批，交通受阻。

2—3月,春旱,2个月总雨量仅51.6毫米,对春播育秧、春耕春种影响很大,连南县主要江河出现历史最低水位,三排、南岗、寨岗等公社受旱严重,特别是三排、南岗等石灰岩地区食水困难。全县受旱面积14866亩。

6月18日晚,寨南公社石径大队暴雨成灾。大队加工厂、锅厂、电站被淹没,社员房屋倒塌3间,木材等物资冲走一大批,损失折款3万元。

11月—12月22日,秋冬连旱,连续53天降水仅7.8毫米,造成秋冬作物失收严重。

1978年

2月10日,寒潮、低温冷害,24小时降温幅度12.3℃,低温维持时间14天,过程最低温度0.5℃,其中11—16日连续6天日平均气温<5.0℃,造成严重冷害。

11—12月,秋冬连旱,2个月降水量仅31.6毫米,干旱维持51天,大批秋冬作物失收。

1979年

3月12—19日,低温阴雨,维持时间8天,20—27日出现8天≤15.0℃的阴雨寡照天气,全县烂死秧苗20%～30%。

9月下旬到1980年1月上旬,连续112天降水量仅有31.2毫米,连南县旱情严重。

1980年

1月29日,24小时降温幅度10.1℃,过程最低温度-1.4℃,31日夜间出现降雪,高山有积雪,冷空气维持时间19天,其中1月30日至2月10日连续12天日平均气温≤5.0℃,造成严重的低温冷害。

3月4日12时1分,三江下小冰雹。

3月12—16日,低温阴雨,持续时间5天,24—27日再次受冷空气影响,出现4天倒春寒,2次的低温阴雨造成部分秧苗烂死。

4月24日,暴雨洪涝,24日连南县普降大暴雨,三江日降水量105.3毫米,寨岗130.6毫米,造成山洪暴发,全县冲倒房屋20间,冲走淹死3人,耕牛3头,5处电站因水渠冲塌停产,冲坏水利9条、河堤2条、公路10处,冲走木桥5座,冲毁农田140亩,冲走秧苗740亩,豆类1200亩,受浸农田3100亩,电站7座。

5月1日,暴雨洪涝,三江公社出现局地性大暴雨,降水量111.8毫米,损坏水渠12条,民房12间,三江河堤被冲垮2处,水浸入大街,受浸农田5600亩,冲走木材4万多条。

5月7日,连南普降暴雨到大暴雨,三江日降水量102.7毫米,寨岗126.0毫米,南岗97.0毫米,各公社损失严重。

9月4日—10月15日,受旱42天。

1981年

1月上旬中后期,低温冷害,冷空气维持到中旬中期,其中11—14日连续4日出现霜冻及结冰,最低温度-1.9℃(12日)。

4月6日9时28—38分,三江下冰雹。

5月26日,龙卷风,寨岗、寨南两个公社的六个大队遭受龙卷风袭击,1867户受灾,其中较严重的有200户,倒塌房屋15间,危房50间,吹坏瓦面30多间,卷倒高压电杆7根,5个大队小学停课,毁坏黄豆800亩,水稻4000余亩。

6月4日,三江公社雨量77.8毫米。

6月29日,连南县普降暴雨,三江公社降水量81.3毫米。

是年,春、秋、冬三次出现旱情。

1982年

2月下旬后期,低温阴雨,持续时间8天,3月7—10日再次出现4天低温阴雨,3月中旬气温回暖,下旬中后期出现5天倒春寒。

5月9—14日,全县境内连续降雨,山洪暴发,有7个公社、27个大队、341个生产队遭受水灾,冲走木材、化肥、农药、商品一批。受浸农作物4400亩。金坑大龙大队99亩良田被冲,变成沙滩,4人受伤,死亡24人。县委、县政府组织1.5万人抗洪抢险救灾,发放粮食2500担,安排灾民生活。不少学校、公路、桥梁、通讯、供电等遭到破坏。

5月18日晚,金坑下暴雨。19日早上,民警唐金伟被洪水冲走。

5月21—23日,雷雨大风,寨岗出现8级雷雨大风,并出现冰雹,水稻、房屋部分受到损失。

1983年

1月1—28日,连续28天日平均气温≤10.0℃,其中18—27日连续11日日最低气温≤5.0℃,并有1天降雪及4天霜冻和结冰,过程中最低温度-1.4℃。

2月21日—3月11日,低温阴雨,持续时间19天,对早稻播种育秧有一定影响,3月24—28日再次出现连续5天倒春寒,对早稻壮秧有较大影响。

3月25日13时5分至7分,三江下冰雹,冰雹最大直径10毫米,最大平均重量1克,部分公社秧苗受到损失。

12月下旬,低温冷害,旬平均气温仅为5.8℃,最低气温0.0℃,并出现雨雪天气,积雪深度3厘米,四周高山积雪维持3天。

1984年

1月,低温冷害,月平均气温5.6℃,最低气温-1.9℃,有6天的霜冻及结冰。

2月1日—3月10日,受旱38天。

4月1日,连南县普降暴雨,三江降水量87.4毫米,大坪75.1毫米,16—20日,全县普降暴雨到大暴雨,三江18日降水量58.1毫米,20日81.9毫米,过程总雨量183.0毫米。寨岗过程总雨量128.2毫米,板洞251.3毫米,其中板洞日最大降水量164.3毫米(18日),大部分地区遭受洪水袭击,冲走及因滑坡倒塌房屋死亡5人,雷电击伤2人,房屋倒塌52间,冲毁水田210亩,大小桥梁9座,河堤冲垮1500米,水利水渠1200米。

4月18日,连南县下暴雨,金坑、寨南、涡水区被洪水各冲走1人,其中1男2女。

5月3日,连南县出现暴雨天气,三江降水量91.0毫米,板洞85.5毫米,寨岗89.1毫米,部分水利设施冲缺、稻田受淹。

10月19日—12月底,秋冬连旱,连续74天降水量仅为43.1毫米,秋冬作物受灾及石灰岩地区用水困难。

1985年

2月17日—3月22日,低温阴雨,持续时间34天,3月30日至4月2日再次出现4天倒春寒,过程日照时数仅为6.9小时,总降水量280.8毫米,本次低温阴雨过程是连南县气象站建站以来最长的一年,但由于迟播种,损失不大,主要烂秧、死秧是在3月中旬初前播的秧苗,全县死秧烂秧 600 担(占总量 5%)。

9 月 23 日,连南出现暴雨天气,三江降水量 96.1 毫米。

9 月 25 日—11 月 7 日,秋旱,连续 44 天降水量仅为 22.7 毫米,全县受旱面积 10430 亩,成灾 2709 亩,减产粮食 25140 担,油料 200 担,成灾人口 40280 人。

9 月 23—26 日及 9 月 29 日—10 月 7 日,寒露风,对晚造水稻扬花灌浆有影响。

1986 年

1 月 1—9 日,日最低温度均<2.0℃,过程最低气温-0.8℃,有 7 天出现霜冻和结冰。

7 月 12、13 日,连南县普降暴雨,2 天雨量合计 91.3 毫米,部分地区损失严重,三江至金坑主要交通公路被毁 50 米,其中 8 米长的路面仅存 80~100 厘米,全县冲垮水利设施 85 米,冲毁水稻 68.6 亩,河堤 161 米,电站水渠塌方 5000 立方米。

8—10 月,夏秋连旱,连续 2 个多月滴雨不下,是新中国成立以来最严重的旱灾,全县 12 个区镇晚造水稻受旱面积 2.1 万亩,成灾面积 1.1 万亩,分别占晚稻总面积 3.76 万亩的 55.8%和 30.3%,旱地作物如山禾、迟玉米、番薯等受旱面积 8.53 万亩,占总面积 9.2 万亩 的 92.5%,部分迟熟的中造水稻也因旱减产,全县成灾人口达 13840 户,69725 人,减产稻谷 3.66 万担,旱地作物折谷 3.57 万担。

1987 年

3 月 24 日 21 时 15—19 分,每平方米下 5~10 粒冰雹,最大的直径 12 毫米。三江镇东和、联红、老虎头、塘冲的电线受影响。另外,大坪乡也下小冰雹。

4 月 5 日,连南县普降暴雨到大暴雨,降水主要分布在西北片,三江镇降水量 153.9 毫米,寨岗 62.2 毫米,南岗 123.3 毫米,三江河水暴涨,对农田、水利、河堤等造成严重破坏,河堤崩塌 4 处 30 米,农田水利崩毁 45 处 93 米,冲毁陂头 5 处 25 米,冲毁农田 72 亩,旱地作物 420 亩,冲坏秧田 450 亩,冲毁 280 亩,损失谷种约 300 担,被沙石淹盖农田 580 亩,毁坏桥梁 2 座,冲坏公路 2 千米,受浸房屋 120 间,倒塌 14 间。

5 月 20—21 日,山联乡飞地白庙村发生 50 多年从未见过的特大洪水,降水量 150 多毫米,全村 40 户,有 26 户的房屋受浸,其中 1 户倒塌,受浸稻田 183 亩,冲毁稻田 33.6 亩,其中无法修复的 20.5 亩,冲坏旱地作物 42 亩,冲崩水渠 10 宗 2000 米,陂头 10 个,村内公路 4 千米内 5 处塌方 2000 多米,冲毁桥梁 2 座,涵洞 4 个,冲走松木 10 立方米,冲崩鱼塘 5 口 (2 亩)。

6 月 4 日,连南县普降暴雨,三江降水量 89.5 毫米,寨岗 67.0 毫米,板洞 112.8 毫米,受浸农田 1019 亩,失收 75 亩,冲坏旱地作物 1826 亩,河堤 330 米,冲坏水利设施 33 宗,冲垮房屋 33 间,桥梁 2 座,洪水冲走 1 人。

6 月 27 日凌晨 2—9 时,寨南乡、寨岗镇部分地区连续下 7 小时的大雨,降水量 120 毫米,山洪爆发,山涧、河流突涨,形成极大破坏力,比较严重的寨南乡的石径、吊尾、称架、新寨等几个村,冲毁水田 122 亩,淹没稻田 165 亩,冲毁旱地作物 74 亩,冲坏河堤 4 处,水利 12 宗,冲断桥梁 3 座,冲毁香粉车 6 部,渡船 1 只,倒塌房屋 1 座 3 间,压死 1 人,被河水冲走死亡 1 人。

1988 年

2 月 24 日—4 月 1 日,低温阴雨,共 32 天日平均气温≤12.0℃,其中出现 13 天倒春寒,烂死谷种 1290 担,占需播量的 34.9%,冻死耕牛 2260 头。

　　3 月 17 日 16 时 30 分,寨岗镇的万角、社墩、山心、安田等村委下 10 分钟左右的冰雹,大的如鸡蛋,小的如拇指,秧苗损毁 280 亩,其中 90 多亩尼龙膜全部报废,折失杂优谷种 3265 千克,薄膜 900 千克。

　　3 月 16 日—4 月 1 日,低温阴雨,烂死谷种 1290 担,占需播量的 34.9%,耕牛冻死 2260 头。

　　4 月中旬,南岗乡百斤洞连下暴雨,倒塌房屋 23 间。

　　6 月初—7 月中旬,连南县 1 个多月天气反常,滴雨不下,平均气温在 30℃ 左右,最高气温 37～38℃,在高温缺水的情况下,黄豆、玉米、木薯、花生、芋头和"望天田"的水稻等农作物干旱枯黄甚至旱死,全县已种下的旱地作物 12 万亩,有 70%～80% 受旱,严重的有 6 万多亩,其中花生 2.1 万亩,玉米 1.15 万亩,黄豆 0.65 万亩,山禾 0.35 万亩,番薯芋头 1.15 万亩,芝麻和其他经济作物 0.8 万亩。

1989 年

　　5 月,暴雨频繁,其中三江镇 8 日降水量 51.3 毫米,13 日 65.3 毫米,23 日 53.5 毫米。

　　7 月 29 日—12 月 20 日,夏秋连旱,连续 145 天降水量为 101.3 毫米,温度高、日照强、蒸发大,石灰岩地区的旱情尤为严重。

1990 年

　　9 月 24 日,三江镇降水量 87.1 毫米。

　　11 月 17 日,三江镇降水量 71.9 毫米,出现较为罕见的秋季暴雨。

1991 年

　　7 月 14 日,三江镇降水量 50.8 毫米,31 日再次出现降水量 84.3 毫米,解决前期旱情。

　　7 月 19 日,连南县发生持续 10 分钟的十级雷雨大风,瞬间极大风速 25 米/秒,平均风速 14.7 米/秒,受雷雨大风袭击的城乡单位 65 个,重灾区为县城方圆 5 千米内,农村受灾 3340 户 14717 人,因灾受伤 27 人,其中农村 21 人,厂矿企业 6 人,大牲畜死亡 7 头,倒塌房屋 163 间,损坏 2908 间,摧毁、折断大树 1539 棵,农作物受灾面积 6858 亩,损失粮食 13505 担,经济作物面积(主要是水果)7267 亩,生资公司倒塌一座 540 平方米的仓库,损失各种化肥 576 吨,另外,土产公司、三江粮所、韶南机械厂、供电局等单位均损失较重。

　　9 月 11 日—11 月 23 日,秋旱,连续 74 天降水仅有 26.5 毫米,秋季作物及石灰岩地区生活用水造成困难。

　　12 月 25 日,24 小时降温幅度 9.9℃,过程最低温度 -3.8℃,其中 27—30 日日平均气温均 <4.0℃,并有 4 天出现积雪,积雪深度达 2 厘米,高寒山区尤为严重。

1992 年

　　3 月 17—30 日,低温阴雨,持续时间 14 天,对农业生产造成严重的损失。

　　4 月 6 日,受强对流云团影响,降不规则块状冰雹,密度达 4～5 粒/平方米,最大直径 25 毫米,一般直径 8 毫米。

　　6 月 17 日,三江降水量达 84.9 毫米。

　　9 月 6—8 日,过程总雨量 179.2 毫米,其中 6 日降水量 99.1 毫米。

　　9 月 18 日—12 月 12 日,秋旱,连续 86 天降水量仅为 5.5 毫米,秋旱严重。

1993 年

1月中下旬,低温冷害,其中14—25日12天日平均气温<5℃,最低温度−1.7℃,并有5天的雨雪天气,高寒山区有积雪,下旬中后期出现6天的霜冻及结冰。

4月20日,三江日降水量达108.1毫米。金坑内田管理区邓某等倒塌房屋2座(2户),全县秧苗受灾1468亩,其中全冲毁504亩,春种作物受灾15860亩(主要是花生、玉米等)。

5月,连南县出现持续性暴雨降水,降水量517.6毫米,≥25.0毫米降水日数9天,其中暴雨日数5天,分别是2日59.9毫米、6日57.3毫米、7日56.9毫米、14日54.6毫米、24日78.3毫米,江河上涨,局部地区洪涝严重。

6月8日,连南县降水量141.3毫米,18日再次出现63.3毫米的暴雨,低洼地带农田受浸,出现局部洪涝。

1994 年

1月18—24日,低温冷害,连续8天日平均气温<8℃,最低气温−1.6℃,出现4天霜冻。

6月9—17日,连南出现暴雨到大暴雨天气,强降水过程历时9天,三江过程降水量364.7毫米、寨岗镇944.0毫米、南岗乡660.8毫米、大坪乡412.8毫米、板洞水库798.4毫米,其降水量之大,范围之广,持续时间之长,洪涝灾害之严重属历史罕见、百年不遇。全县因灾死亡43人(其中,大麦山镇三洲村因山体滑坡死亡32人),失踪21人,受重伤98人,倒塌房屋1072间,4310多人无家可归,工农业和公路、通讯、水电基础设施遭受严重破坏。

7月23日,连南县普降暴雨到大暴雨,三江雨量119.4毫米。全县冲毁河堤20多处2.605千米,冲毁水利设施185宗,倒塌房屋399间,重伤1人,因山体崩裂造成126户620多人有家不能归,早稻严重受浸1.47万亩,绝收0.25万亩,粮食损失177.25万千克,晚稻秧苗受浸845亩,冲走木材800多立方米,全县5个乡镇通讯中断,6条公路中断交通,公路崩塌49处共25千米,冲毁桥梁10座、电站13座。

9月1日—11月27日,秋旱,连续88天降水量为30.4毫米。

1995 年

6月,出现3场大暴雨,分别是9日109.5毫米、17日87.0毫米、27日86.2毫米,局部出现洪涝灾害。

10月3—4日,连南县普降暴雨到大暴雨,三江2天降水量191.9毫米。全县受灾12个乡镇,洪水冲走失踪1人(8岁小学生),倒塌房屋134间,损坏419间,因灾转移安置845人,无家可归741人,受灾农作物2.79万亩,损失粮食57万千克,河堤冲毁7660米,冲毁水利设施254宗。

10月14日,连南县普降暴雨到大暴雨,三江雨量达121.2毫米。全县受灾人口4.42万人,水浸房屋227间,倒塌150间,损坏149间,耕牛死亡3头,生猪6头,农作物受灾0.49万亩,损失粮食43.05万千克,鱼塘浸顶43亩,冲毁水利设施、公路、桥梁150多宗(处)。

1996 年

2月17日,24小时降温幅度11.5℃,48小时降温幅度17.0℃,过程最低气温0.1℃,18—22日连续出现雨夹雪和雪,高山出现积雪,冰冻天气、低温阴雨长达12天。全县受灾人口8.35万人,房屋倒塌(损坏)474间,耕牛死亡764头,生猪344头,经济作物及杉松受灾48.1万亩。

3月18—28日,低温阴雨,持续时间11天,4月2—4日再次出现3天倒春寒,部分秧苗死烂。

4月19日,连南县普降大暴雨,三江雨量111.6毫米。全县作物受灾1.96万亩,鱼塘浸顶194亩,水利设施损坏322宗,公路塌方32处共7.2千米,电站水渠崩毁12宗。早稻秧苗受浸6900亩,冲毁2100亩,损失杂交良种1.6万千克,5个乡镇通讯中断,倒塌房屋63户共122间。

10月9日—12月1日,秋旱,连续54天降水仅为0.7毫米。

1997年

4月3日,三江镇普降冰雹,最大直径达20毫米,降水量达58.9毫米,部分乡镇伴有8级左右雷雨大风。全县受灾乡镇12个,倒塌房屋45间,损坏567间,粮食作物受灾面积10.9公顷,损失杂优谷种2.5吨,被雷电击毁通讯设施的有公安局、教育局等部门的电话总机3台。

5月16日,连南县普降暴雨到大暴雨,三江雨量112.3毫米。全县死亡6人,失踪1人,伤4人,房屋倒塌24间,损坏38间,农作物受浸311亩。

7月2—8日,连南县普降大雨到特大暴雨,三江7天雨量285.3毫米,寨岗镇3日雨量235.0毫米,砂木塘4日雨量330.2毫米,板洞日雨量356.2毫米。连南县发生继1994年以来又一次特大洪涝灾害,全县受灾12个乡镇,84个管理区,受灾人口9.64万人,转移安置灾民5635人,因灾倒塌房屋2155间,农作物受灾面积6.843万亩,洪水淹没稻田204万亩。公路崩塌、塌方、中断230.6千米,水利、河堤崩毁188处,共33.9千米,3个乡镇中断通讯电路,因灾受伤40人。洪水冲走生猪902头、耕牛368头、大小机动车14台。

1998年

3月9—12日,低温阴雨,20日出现寒潮,24小时降温13.2℃,过程最低温度4.2℃,造成连续6天的倒春寒,严重影响春播育秧。

7月27日—8月27日,夏旱,连续32天雨量12.8毫米,石灰岩地区食水困难,对晚稻和经济作物有较大影响。

1999年

5月26日,连南县普降暴雨,局部大暴雨,三江雨量80.6毫米。

6月8日及24日,连南县普降暴雨到大暴雨,三江雨量分别为116.4毫米和122.2毫米。全县房屋倒塌38间,损坏57间,农田受淹2370亩,绝收225亩,减产2145亩,公路损坏260米,木材流失420立方米,水渠倒塌320米,堤防3.2千米,电站受水浸6座。

12月20—28日,低温冷害,冷害持续时间9天,23日三江最低气温−2.8℃,南岗、大坪、板洞分别为−6.0℃、−5.0℃、−9.0℃。自23日起连续4天最低气温≤0℃,并出现连续6天的霜冻和冰冻。大部分果树、蔬菜等经济作物均受到不同程度的冻害,冬季作物受灾面积2.79万亩,失收0.25万亩,林业生产直接经济损失260万元。

2000年

1月,低温霜冻,果树、蔬菜等冬季经济作物受灾面积3500公顷,绝收面积950公顷。

9月5日,连南县城及部分乡镇出现≥17.2米/秒的大风天气。受灾人口3.4万人,成灾1.3万人,伤2人,受灾农作物面积350公顷,成灾面积185公顷,绝收面积30公顷,房屋倒塌8间,损坏345间,大风吹倒电线杆23条,电力线路损坏上千百米,吹倒直径20~30

厘米大树十几棵,家用电器、电话、变压器等雷击受损一大批。

2001 年

4 月 20—21 日,连南县普降暴雨到大暴雨,三江过程雨量 101.8 毫米,板洞水库 148.4 毫米,砂木塘水库 138.3 毫米,其中 20 日上午 06 时到 10 时 4 个小时三江降水量 60.1 毫米,寨岗镇称架、吊尾村出现直径 20 毫米的冰雹和雷雨大风,持续时间约 10 分钟,全县受灾人口 14440 人,因灾紧急转移 71 人,农作物受灾面积 6990 亩,绝收 720 亩,房屋倒塌 48 间,损坏 53 间。死亡大牲畜 8 头,山洪冲毁河堤 38 处,水利设施 56 宗,电站受损(崩圳、塌方、水浸机房)12 座共 11450 瓦。公路塌方 45 处 11800 立方米。

6 月上旬至中旬初,连南县出现持续性大到暴雨,其中 4 日雨量 117.8 毫米、13 日雨量 53.5 毫米,1—13 日过程雨量 353.0 毫米。全县受灾人口 57000 人,紧急转移 356 人,农作物受灾面积 15750 亩,成灾 5130 亩,绝收 360 亩,毁坏耕地面积 120 亩,倒塌房屋 69 间,损坏 247 间,各种水利水渠塌方 11 处共 141 米,陂头 7 处共 67 米,冲毁河堤 5 处共 42 米,公路塌方 9 处共 170 米,其中 2 处中断交通。

7 月 6—8 日,连南县连续三天大到暴雨,局部地区大暴雨,过程雨量三江 131.1 毫米,板洞水库为 190.5 毫米,牛塘水库 259.5 毫米,砂木塘水库 254.5 毫米。全县受灾乡镇 6 个,受灾人口 7500 人,倒塌房屋 27 间。农作物受灾面积 3000 亩,其中粮食作物 2700 亩,成灾 1005 亩,绝收 150 亩。公路塌方 2.2 千米,其中一条交通中断。堤防决口 51 处 2.7 千米,冲毁水利设施 38 处,受损小水电站 23 座。灾情最严重的是涡水镇,该镇农作物受灾面积 900 亩,公路被山洪冲毁 40 多米,塌方 50 多处约 1500 立方米,冲走木材 170 多立方米,冲毁 1 万伏高压电杆 3 条,崩塌水利水渠、陂头 30 多宗 400 多米,冲走河面铁索桥一座,涡水河全线小水电站因水浸停产,其中马头冲电站压力管道被山体滑坡压暴、压弯 30 多米。

8 月 1 日,三江出现大暴雨,雨量 132.4 毫米。31 日出现雨量 98.8 毫米的大暴雨,两次大暴雨降水均出现在连南县城,南部乡镇仅为中到大雨,无明显灾害。

8 月 9 日下午,连南县城出现 5~6 级大风和强雷暴。受雷击电站 20 多个,击坏变压器、配电盘、电视、空调等一批。

2002 年

4 月 5 日 21 时 40 分,连南县城 30 分钟降水 16.0 毫米,伴有 6~8 级大风,极大风速 21.3 米/秒,平均风速 10~12 米/秒,持续时间 1 小时。直径 20 厘米左右大树吹倒几十棵,压断 10 万伏高压线路 2 条。

6 月上旬末到中旬末,连南县普降大到暴雨,7—19 日总雨量 237.8 毫米,其中 17 日雨量 90.4 毫米,全县河堤崩塌 2000 米,水渠 25 处 500 米,陂头 45 座,公路塌方 12 处共 400 立方米,水田受淹 50 亩,房屋倒塌 20 间。

7 月 1—2 日,连南县出现大暴雨和特大暴雨,2 天雨量 357.4 毫米,致使山洪暴发,河水暴涨,连南西北部和北部的乡镇发生特大洪涝灾害,出现山体滑坡、崩塌,全县受灾乡镇 7 个,受灾人口 33426 人,倒塌房屋 206 间,大龙山采育场因山体滑坡死亡 1 人,大坪镇旺洞村因桥梁崩塌失踪 1 人,受伤 3 人。农作物受灾面积 7882 亩,其中粮食作物 5760 亩。农作物成灾面积 6095 亩,其中粮食作物 4575 亩,绝收 1164 亩,减收粮食 1386 吨;水产养殖损失 58 亩;死亡大牲畜 36 头(只)。停产工矿企业 7 个,公路中断 30 条次,损坏桥梁 8 座,毁坏路基 17.4 千米,损坏输电线路 8.5 千米、广播电视光缆 1 千米、通讯线路 1.73 千米,冲走电杆 26 根。损坏及冲毁河堤 23.4 千米、大小陂头 343 宗、大小水渠 576 处 9321 米。受损电站 35 座,多座电站机房浸水,陂头、引水渠道崩塌,配电盘、励磁盘损坏,其中香坪镇停电 50 小时。损坏食水工程 35 宗,冲走水管 3990 米,损坏蓄水池 16 个,造成 6580 人饮水困难。

10 月 29 日、30 日,连南县出现暴雨到大暴雨,2 天雨量三江 185.0 毫米,板洞 119.6 毫米,牛塘 147.6 毫米。

12 月下旬,低温冷害,旬平均气温 6.7℃,最低气温 0.0℃,高寒山区 −3.0℃ 到 −6.0℃,有 2 天雨雪天气。连南县城积雪厚 0.3 厘米,山区 10 厘米,全县农作物受灾面积 7000 亩,蔬菜受灾面积 5000 亩,水果受灾面积 2000 亩。

12 月下旬初至 2003 年 1 月中旬初,低温冷害,连续 20 天日平均气温 ≤10.0℃,过程最低 0.0℃(2002 年 12 月 27 日)和 0.6℃(2003 年 1 月 11 日),并出现雨雪(2002 年 12 月 27 日、2003 年 1 月 6 日)、积雪(2002 年 12 月 27 日)、结冰等现象。≤5.0℃ 低温日数 17 天,其中 2003 年 1 月有 11 天。全县农作物受灾面积 7000 亩,其中蔬菜受灾面积 5000 亩,果树受灾面积 2000 亩。

2003 年

2 月 21 日—3 月 18 日,春旱,连续 26 天雨量仅 17.3 毫米,对春耕办田用水不利。

5 月 21 日—6 月 21 日,龙舟水期间连南县普降大到暴雨,过程雨量 286.0 毫米,降水相对集中在 5 月下旬前期及 6 月上旬。6 月 2—11 日连续 10 天降水量 224.8 毫米,占龙舟水期间总雨量的 80%,造成"雨打禾花"现象,影响早稻抽穗扬花。

7 月至 8 月上旬,夏旱,7 月降水量 27.7 毫米,只有同期平均的 2 成,全县受灾人口 48571 人,成灾人口 12450 人,饮水困难人口 19589 人,饮水困难大牲畜 2352 头,农作物受旱面积 39882 亩,其中水田受旱 12389 亩,成灾面积有 6276 亩,绝收面积有 1834 亩。旱地作物受旱 27493 亩,主要受旱作物是玉米、花生、芋头、山禾、大豆、蚕桑、蔬菜等,尤其是南岗、三排、大麦山等石灰岩乡镇的旱地作物受旱最严重,旱作物绝收面积 8478 亩。晚造因旱缺水办田面积为 7373 亩。受旱最严重的是大麦山、寨岗、南岗、三排等地,其他各镇均有不同程度的旱情。因旱改种面积有 2805 亩。粮食作物受灾面积 19439 亩,其他作物如旱地经济作物和蔬菜也有一定影响,估算损失产量合计 1264 吨。

2004 年

3 月 21—25 日,出现倒春寒。

8 月 12 日起,夏秋冬连旱,降水严重偏少,一直维持到年末没出现透雨,期间高温炎热天气多,维持时间长,日极端最高气温达 39.1℃(8 月 10 日),总蒸发量为 532.6 毫米,而同期的降水量仅有 161.7 毫米。全县农作物成灾面积 76610 亩,绝收面积 32203 亩,其中水稻成灾面积 19013 亩,绝收面积 5100 亩,旱粮作物成灾面积 24862 亩,绝收 19660 亩,蔬菜成灾面积 7650 亩,绝收 2300 亩,其他作物成灾面积 25085 亩,绝收 5143 亩,受灾人口 19800 人,有 1000 人以上出现饮水困难。

2005 年

1—2 月,低温冷害,1 月平均气温 7.9℃,较历年平均值偏低 1.2℃,2 月平均气温 8.2℃,较历年同期更偏低 2.4℃。1 月 1 日极端最低气温 −1.4℃,有霜冻,1 月 13 日部分地区出现米雪天气,1—2月日最低气温≤5℃低温天气日数17日,霜(冰)日数3天,高寒山区的耕牛、家禽等有冻伤冻死现象。

6月,暴雨日数4日,出现明显的龙舟水,全县的水利、农业、交通等受灾,多处出现山洪、泥石流,并造成5人死亡,2人受伤。

8月,秋冬连旱,下旬中后期到年末长时间无透雨出现。

12月,低温冷害,5—8日,11—20日,22—23日平均气温≤10℃,18—23日在郊区均出现较重的霜冻天气,对冬种作物影响非常不利,部分反季节蔬菜发生冻害。

2006年

1月,低温冷害,1月出现4天霜(或结冰)天气,7日日最低气温达−0.3℃,高寒山区的耕牛、家禽等有冻伤现象发生。

5月下旬到6月上旬,降水量为308.7毫米,较历年同期偏多3成,出现明显龙舟水天气,影响早稻抽穗扬花,大雨造成"雨打禾花",连续阴雨天气使早稻出现较重的病虫害。

7月14—16日,三江镇14日17时左右出现强雷雨大风天气,多处出现树木被吹倒,部分民房也被损坏。连南县从15日凌晨开始出现大范围的强降水天气,主要降水时段出现在15—16日。其中,15日08时到16日08时连南县各乡镇均出现大暴雨降水,24小时雨量三江镇171.0毫米,板洞204.0毫米,大坪162.8毫米,南岗163.9毫米。全县因灾倒塌房屋25间,受灾人口500人,农作物受灾面积389.2公顷,成灾面积153.5公顷,绝收面积80.5公顷,乡村公路中断15条次,路基毁坏800米长,损坏堤防3处0.5千米,水毁破坏灌溉水利设施42处,破坏水电站30座。

8月3日下午,连南县开始出现连续性的降水天气,一直到6日凌晨才结束。4—6日雨量三江镇196.8毫米,大坪175.9毫米,南岗193.7毫米,板洞127.5毫米。主要降水出现在4日8时至5日8时,三江160.7毫米,大坪100.3毫米,南岗157.6毫米,板洞87.0,全县因灾倒塌房屋126间,受灾人口2100人,农作物受灾面积481.9公顷,成灾面积257.5公顷,绝收面积103.2公顷,乡村公路中断3条次,损坏路基800米,损坏输电线路770米,损坏堤防5处800米,水毁损坏灌溉设施55处,损坏水电站46座。

12月18—25日,低温冷害,连续出现5天低温霜冻天气,对冬种作物影响不利,部分反季节蔬菜发生冻害,造成一定经济损失。

2007年

1月,共出现霜日5天,其中27—30日连续4天有霜冻出现,县城29日最低气温1.5℃,高寒山区的耕牛、家禽等有冻伤现象发生。

3月6—12日、17—19日,出现两次长低温阴雨时段,对早稻播种产生较大不利影响,4月上旬出现明显倒春寒,部分乡镇出现死秧烂秧,而下旬出现强降水,部分刚移栽的秧苗被淹或冲毁,严重影响早稻产量。

6月7—10日,连南县连续多日出现大范围强降水,过程雨量三江84.9毫米,板洞201.8毫米,大坪194.0毫米,南岗170.0毫米,全受灾5个乡镇8100人,倒塌房屋57间。

4—8月,夏旱,4月后连南县降水持续偏少,气温高、蒸发量大,6月下旬起出现20年来最严重的干旱天气。全县农作物受旱面积为1360公顷,其中轻旱820公顷,重旱470公顷,干枯70公顷,水田缺水340公顷,旱地缺墒880公顷,饮水受到影响8300人,大牲畜600头。

10 月 13—20 日,出现长寒露风天气。

2008 年

1 月 13 日到 2 月 12 日期间,日最低气温连续≤5℃的日数 31 天(1 月 13 日—2 月 12 日),日平均气温连续≤5℃的日数 25 天(1 月 14—2 月 7 日),日平均气温≤3℃有 13 天(1 月 25 日—2 月 3 日),其中最低日平均气温 0.5℃(1 月 27 日),过程最低气温三江-1.8℃、大龙-3.2℃、南岗-0.7℃、大坪 0.6℃、涡水-2.6℃、石径-3.3℃。1 月 25 日后出现大范围的暴雨,部分地区出现雨夹雪,三江 26 日雨量 56.8 毫米,25—28 日间各乡镇累积降水量三江镇 82.9 毫米,南岗 72.2 毫米,大坪 82.0 毫米,板洞 87.2 毫米,由于山区气温极低,形成大范围的雨凇现象,从而直接造成供电线路、通讯线路、林木作物等受压损坏、断裂,暴雨也致使部分山区道路路基崩塌、水利设施受损、民房倒塌。全县受灾人口 43000 人,倒塌、损坏房屋 430 间 145 户,损毁 616 间;农作物受灾面积 31824 亩,成灾面积 15164 亩,其中蔬菜 14710 亩,成灾 10990 亩,水果 9346 亩,成灾 3664 亩;冻死牲畜 889 头,家禽 17270 只,鱼塘受冻害面积 1153 亩;林木受灾面积 52.9 万亩,冻死树苗 100 多万株;40 多条高压线路受损,2 个线塔倾斜倒塌,多个配电器出现故障,全县多个地区出现停电,寨岗、寨南变电站系统电源失压;167 间水电站线路,23 处河堤,61 处农田水利,38 处陂头受损;369 县道(三江至涡水)塌方,方量约 3000 立方米,国道 G323、G107 线及省道 S261 线多处出现塌方,方量约 6000 立方米;多间企业停电停产;多条通信线路被冰雪压断,10 多个机房站点通信中断,3000 多用户受到影响;多条供水水管爆裂;各镇工矿企业、蚕桑、油茶,板洞集团公路、电站,移动公司线路等损失 1500 万元。

6 月,降水量较历年同期偏多 120%,上旬末到中旬末出现明显的龙舟水,全县受灾镇 7 个,受灾人口 21461 人。倒塌房屋 862 间,农作物受灾面积 390 公顷,农林牧渔业直接经济损失 106 万元。公路中断 4 条 4 次。水利设施洪涝灾害损坏堤防 18 处 5.59 千米,损坏灌溉设施 102 处,损坏小水电站 2 座。

四、天气谚语

(一)节气时令类

1. 二十四节气歌

春雨惊春清谷天,夏满芒夏暑相连。

秋处露秋寒霜降,冬雪雪冬小大寒。

注:此歌按阴历节气先后次序排列。如第一句中"春雨惊春清谷天",除天字外,其余指(立)春、雨(水)、惊(蛰)、春(分)、清(明)、谷(雨)六个节气,其余如此类推。

2. 阳历查节气日期口诀

阳历节气最好算,每月两节不改变,

上半年在六廿一,下半年在八廿三。

注:阳历上半年(1 到 6 月)每月的 6 日和 21 日,下半年(7 到 12 月)每月的 8 日和 23 日都有一个节气出现(前后可能相差 1 到 2 天)。

3. 时令天气特征

春不分不暖,秋不分不凉。

春天孩儿脸,一日有三变。

一场春雨一场暖。

未吃五月粽,寒衣不可送(指天气仍会乍暖还寒)。

大暑小暑不是暑,立秋处暑正当暑。

立秋处暑,上蒸下煮。

一场秋雨一场寒,十场秋雨穿上棉。

4. 时令天气预测

不怕初一阴,就怕初二下。

春雾晴,夏雾雨,秋雾热,冬雾寒。

六月吹北风,七月水过洞。

七月北风及时雨。

冷得早,暖得早。

春天南风天天好,夏天南风雨嘈嘈。

正月雷打雪,二月雨不歇;三月桃花水,四月干开裂。

立春晴一日,耕田不用力。

注:耕田不用力指雨水充足,利于春耕。

惊蛰不动风,冷到五月中。

冷惊蛰,暖春分。

未过惊蛰先打雷,四十九天云不开。

注:指惊蛰前闻雷,可能有长阴雨天气。

谷雨不雨,无谷不起。

注:谷雨不下雨,当年可能要干旱,庄稼没有好收成。

立夏起北风,十个鱼塘九个空。

小暑热得透,大暑凉飕飕。

小暑一声雷,倒转做黄梅。

处暑若逢天下雨,纵然结实也难留。

处暑有雨十八江,处暑无雨干断江。

云遮中秋月,雨打上元灯。

重阳无雨望十三,十三无雨一冬干。

注:如果重阳日和九月十三都不下雨,那么整个冬天会比较干旱。

冬至出日头,过年冻死牛。

注:若冬至这一天晴暖,春节前后则特别冷。

冬至没好天,来年交春阴雨天。

雷打冬,十个牛栏九个空。

(二)天气、天象类

1. 与风相关

南风头,北风尾。

东北风,雨太公。

旱刮东南不下雨,涝刮东南不晴天。

雨前有风雨不久,雨后无风雨不停。

久雨西风晴,久晴西风雨。

南风暖,北风寒,东风潮湿西风干。

一日南风三日暖,三日南风狗钻灶。

四季东风四季晴,只怕东风起响声。

2. 与云相关

馒头云(淡积云),晒干塘。梭子云,定天晴。

棉花云(絮状高积云),雨快淋。

清早宝塔云,下午雨倾盆。

天上钩钩云,地上雨淋淋。

天上灰布云,下雨定连绵(雨层云)

天上鲤鱼斑(透光高积云),明朝晒谷不用翻。

江猪(小猪形状的云:碎雨云)过河,大雨滂沱。

鱼鳞天(卷积云),不雨也风颠。

不怕阴雨天气久,只要西北开了口。

山罩雨,河罩晴。

有雨山戴帽,无雨云拦腰。

有雨天边亮,无雨顶上光。

朝看东南云,晚看西北云。

早怕东南黑,晚怕北云推。

云行东,雨无终;云行西,雨凄凄。

乌云接落日,不落今日落明日。

3. 与天气相关

雷公先唱歌,有雨也不多。

雷声绕圈转,有雨不久远。

先雷后雨雨必小,先雨后雷雨必大。

雨打五更,日晒水坑。

早晨下雨当日晴,晚上下雨到天明。

十雾九晴。

昼雾阴,夜雾晴。

重雾三日,必有大雨。

久晴大雾必阴,久雨大雾必晴。

早起雾露,晌午晒破葫芦。

4. 与日月相关

日出东南红,无雨必有风。

日落云里走,雨在半夜后。

日晕三更雨,月晕午时风。

二更上云三更开,三更上云雨就来。

日落西山胭脂红,不是雨来便是风。

冬天日落西山红,明日定会有霜冻。

夜星繁,大晴天。

太阳现一现,三天不见面。

5. 其他现象

风静天热人又闷,有风有雨不用问。

久雨夜晴无好天,明朝还是雨涟涟。

时雨时晴,几天几夜不停。

久雨必有久晴,久晴必有久雨。

烟囱不冒烟,一定是阴天。

早晚烟扑地,苍天有雨意。

空山回声响,天气晴又朗。

天黄有雨,人黄有病。

要晴看山青,要雨看山白。

早霞不出门,晚霞行千里。

(三)物象类

鱼儿出水跳,风雨就来到。

河里鱼打花,天天有雨下。

鳖在水面游,又是一场雨。

鸡早宿窝天必晴,鸡晚进笼天必雨。

今夜鸡鸭早归笼,明天太阳红彤彤。

夜鹅叫雨,晨鸭叫风。

喜鹊枝头叫,出门晴天报。

久晴鹊噪雨,久雨鹊噪晴。

燕子低飞蛇过道,蚂蚁搬家山戴帽。

蚂蚁满地跑,当天天气好。

蚂蚁迁窝,雨水太多。

蜘蛛结网则晴,收网则雨。

青蛙下水塘,棉被放上床(指天气将转冷)。

蜻蜓飞得低,出门带斗笠。

蚊虫嗡嗡叫,当天有雨到。

蚊子咬得怪,天气要变坏。

蛇拦道,雨来到。

水缸出汗蛤蟆叫,不久将有大雨到。

水缸穿裙,大雨淋淋。

编后记

连南县气象局始建于 1962 年，至今已有 51 年历史。气象事业从无到有，不断发展，现代气象科技的应用促使连南在科学利用气候资源、改造恶劣自然环境、增强防灾减灾能力取得长足的进步。

编修气象专业志，是对气候变迁、气候规律、气象事业发展历程的一次阶段性总结，为今后气象事业发展和气候规划提供历史鉴证，并起到积极推动作用。连南在 1992 年由胡文良等同志第一次修编《连南瑶族自治县气象志》（后简称"《气象志》"），该志记采编年限为 1958—1988 年，详尽记载该段时期连南气象事业的发展、天气气候的演变等内容，被清远市科协评为 1992 年度优秀科志，为连南保存较完整的早期气象发展历史资料。2009 年，由清远市气象局倡议立项，各市、县气象局同时开展新一轮地方气象志的修编工作，采编年限下限至 2008 年。

新版《连南瑶族自治县气象志》，是在 1992 年版《气象志》的基础上，再次进行史料调查、收集与整理，本着详今略古，实事求是，精益求精的原则，以马列主义、毛泽东思想、邓小平理论和"三个代表"重要思想为指导，坚持科学发展观，坚持辩证唯物主义和历史唯物主义，以中共中央《关于建国以来党的若干历史问题的决议》为准绳进行重新编写，全面系统地记述连南气象发展的沿革和现状，力图反映气象事业的历史风貌、专业特点和地方特点。

在本志编纂过程中，得到连南县地方志办公室，清远市气象局，邻近市、县气象局和连南县气象局退休干部的大力支持与帮助指导，在此一并致以衷心感谢。

本志书虽经反复审核、修改和征求意见，但因编者水平有限，以及资料缺失等原因，本志出现疏漏之处在所难免，敬请读者批评指正。

《连南瑶族自治县气象志》编纂委员会

2013 年 8 月